高等学校教材·电子、通信与自动控制技术

混合信号集成电路设计入门

赵汝法　刘　挺　杨　虹　编著
王冠宇　袁　军　白国花

西北工业大学出版社

西安

【内容简介】 本书以设计一个混合信号集成电路中最典型、最常用、最基础的开关电容放大器为案例展开讲解。首先,详细介绍该放大器中各子模块电路的原理基础和分析推导。其次,通过 Cadence Virtuoso EDA 工具建立等效的模型电路原理图进行仿真。在仿真过程中,逐步替换理想器件为真实的集成电路器件,帮助读者深入了解工艺、电路选型、器件特性等因素对芯片性能指标构成的影响根源。

本书适合具备微电子科学与技术、集成电路设计与集成系统、电子信息等专业基础的读者,也适合作为模拟电路的辅助入门教材。

图书在版编目(CIP)数据

混合信号集成电路设计入门 / 赵汝法等编著. — 西安:西北工业大学出版社,2024.6
高等学校教材. 电子、通信与自动控制技术
ISBN 978-7-5612-9279-2

Ⅰ.①混… Ⅱ.①赵… Ⅲ.①混合信号-集成电路-电路设计-高等学校-教材 Ⅳ.①TN911.7

中国国家版本馆 CIP 数据核字(2024)第 092065 号

HUNHE XINHAO JICHENG DIANLU SHEJI RUMEN

混 合 信 号 集 成 电 路 设 计 入 门

赵汝法 刘挺 杨虹 王冠宇 袁军 白国花 编著

责任编辑:曹 江	策划编辑:何格夫
责任校对:马 丹	装帧设计:李 飞

出版发行:西北工业大学出版社
通信地址:西安市友谊西路 127 号　　邮编:710072
电　　话:(029)88491757,88493844
网　　址:www.nwpup.com
印 刷 者:陕西向阳印务有限公司
开　　本:787 mm×1 092 mm　　1/16
印　　张:5.25
字　　数:131 千字
版　　次:2024 年 6 月第 1 版　　2024 年 6 月第 1 次印刷
书　　号:ISBN 978-7-5612-9279-2
定　　价:30.00 元

如有印装问题请与出版社联系调换

前　言

　　本书旨在为初学者提供深入全面的混合信号集成电路设计知识和实践经验。在现代科技发展的浪潮中，集成电路设计作为电子领域的重要组成部分，正引领着技术的创新与应用。笔者的目标是帮助更多年轻人选择进入集成电路行业，培养更庞大和优秀的人才队伍，进一步推动我国集成电路行业的创新和发展。这不仅有助于满足市场对高端芯片产品的需求，还能为整个行业注入新的活力和竞争力。

　　本书简要介绍混合信号集成电路设计的基础知识，包括模拟电路和数字电路基础、模拟信号处理、信号与系统等，帮助读者建立起对混合信号电路的整体认知。此外，本书重点介绍混合信号集成电路的设计流程和常用电路仿真软件工具等内容。通过实际案例分析和设计项目实践，读者将学习到如何应用所学知识解决实际问题，并提升自己的设计能力。

　　本书特色如下。

　　(1) 清晰易懂：以通俗易懂的语言讲解混合信号集成电路设计的基本概念和原理，让初学者能够轻松入门。

　　(2) 实例驱动：通过实例分析，让读者能够从实际问题中学习，并迅速将理论知识应用于实践中。

　　(3) 逐步深入：通过逐步深入的学习路径，帮助读者逐渐提升自己的设计能力。

　　笔者衷心希望本书能够成为读者的指南，帮助读者在混合信号集成电路设计领域迈出第一步。无论是学生、初学者还是从业人员，笔者相信通过本书的学习，读者将获得宝贵的知识和技能，为未来的学习和实践打下坚实的基础。

　　本书共6章，其中前3章由赵汝法编写，第4章由刘挺、杨虹编写，第5章由王冠宇、袁军编写，第6章由白国花编写。

　　本书的编写得到了助理、审稿人、编辑和出版社的帮助，感谢他们的辛勤付出，使本书的出版成为可能。此外，在编写本书的过程中，笔者参考了相关文献资料，在此对其作者一并表示感谢。

　　由于水平有限，书中不足之处在所难免，诚望广大读者批评指正。

编著者

2023年12月

英中文名称对照表

英文名称	中文名称	英文缩写
Analogto Digital Converter	模数转换器	ADC
Complementary Metal Oxide Semiconductor	互补金属氧化物半导体	CMOS
Digital to Analog Converter	数模转换器	DAC
Design Rule Check	设计规则检查	DRC
Digital Signal Processor	数字信号处理器	DSP
Electronic Design Automation	电子设计自动化	EDA
Field-effect Transistor	场效应管	FET
Gain-bandwidth Product	增益带宽积	GBW
Graphic Data System II	版图数据	GDS II
Ground	接地	GND
Layout Versus Schematics	版图网表与电路原理图	LVS
Metal Oxide Semiconductor	金属氧化物半导体	MOS
Process Design Kit	工艺设计包	PDK
Pulse Width Modulation	脉冲宽度调制	PWM
Total Harmonic Distortion	总谐波失真	THD
Mixed-signal Integrated Circuit	混合信号集成电路	—
Nyquist Sampling Theorem	奈奎斯特采样定理	—
Charge Injection	电荷注入	—
Bottom-plate Sampling	下极板采样	—
Clock Feedthrough	时钟馈通	—
Process Corner	工艺角	—

目　　录

第 1 章　绪论 ··· 1
　　1.1　集成电路的发展 ··· 1
　　1.2　混合信号集成电路的定义 ·· 1
　　1.3　开关电容放大器电路的意义 ··· 2

第 2 章　电路分析 ··· 4
　　2.1　顶层电路介绍 ··· 4
　　2.2　电路原理分析 ··· 5
　　2.3　设计流程 ·· 13
　　2.4　设计指标分析 ··· 15

第 3 章　理想器件下的电路实现 ··· 17
　　3.1　理想运放 ·· 17
　　3.2　非重叠时钟 ·· 24
　　3.3　奈奎斯特采样定理 ·· 26
　　3.4　相干采样与非相干采样 ··· 27
　　3.5　三种模式理想电路的搭建与仿真 ··· 30

第 4 章　MOS 器件的引入 ·· 38
　　4.1　逐步替换 ·· 38
　　4.2　MOS 管简介 ·· 38
　　4.3　开关电路 ·· 40

第 5 章　运算放大器的设计 ·· 51
　　5.1　两级运算放大器及偏置电路搭建与仿真 ··· 51
　　5.2　共模反馈 ·· 61

5.3 密勒补偿 ··· 63

5.4 完整运放调试与仿真 ·· 64

第6章 全真实器件的电路实现 ··· 68

6.1 三种模式电路搭建 ·· 68

6.2 工艺角仿真 ·· 70

参考文献 ·· 75

第 1 章 绪 论

1.1 集成电路的发展

随着科技的迅猛发展,集成电路作为电子领域的核心技术之一,在各行各业中的应用越来越广泛。无论是在电子、通信、家电、汽车还是医疗等领域,集成电路都发挥着重要作用。集成电路所代表的微电子产业正处于前所未有的发展阶段,特别是在计算机和通信技术等高科技产品广泛应用于日常生活、工业生产和国防科技的背景下,这为集成电路的发展创造了更多机遇。

与此同时,随着物联网和人工智能科技的快速发展与应用,集成电路的未来发展呈现出新的趋势和方向。物联网将各种设备和系统连接在一起,实现了智能化的互联互通,而人工智能技术则为集成电路赋予了更强大的数据处理和决策能力。集成电路将继续在技术创新的引领下,不断适应物联网和人工智能科技的应用需求。这意味着集成电路将不仅是简单的电子组件,而且是智能化和互联互通的关键驱动力。集成电路的创新将为人们的生活和产业带来更多的便利和创新,推动科技进步。

1.2 混合信号集成电路的定义

数字信号是一种离散的、非连续的信号,其数值和时间以离散的形式存在。通常情况下,数字信号使用二进制(如 0 和 1)表示。它具有抗干扰能力强、处理精度高以及可靠性好的特点。模拟信号是一种连续变化的信号,其数值取值可以在一定范围内变化,通常可以表示为连续时间中的函数,如正弦波或复杂的波形,例如声音、电压或光信号等。而混合信号则是将模拟信号和数字信号结合起来的信号。虽然混合信号通常以模拟信号的形式传输,但在信号处理过程中会使用数字信号处理技术。在混合信号中,模拟信号首先被采样和量化,然后以数字形式进行处理。这种混合信号的处理可以利用数字信号处理算法进行滤波、增强或提取特定特征。

数字集成电路是由逻辑门、触发器、计数器等数字电子组件集成在一起的电子器件。它被用于执行数字信号的处理和逻辑运算,并能实现数字信号的存储、传输和处理,具有逻辑运算和存储器操作等功能。模拟集成电路则是一种将多个模拟电子组件（如电容器、电阻器和放大器等）集成在一起的电子组件，它能实现对模拟信号的处理和控制。其中，放大器是模拟集成电路中最重要的组件之一，用于放大模拟信号的幅度。其他常见的模拟电子组件包括滤波器、开关、振荡器等。它们可以用于调整模拟信号的频率、幅度和相位等特性。模拟集成电路的设计和优化需要考虑信号的精度、噪声、功耗和稳定性等因素，以满足特定应用需求。

混合信号集成电路（Mixed-signal Integrated Circuit）通常包含模拟前端电路、模数转换器（Analog to Digital Converter，ADC）、数模转换器（Digital to Analog Converter，DAC）和数字信号处理器（Digital Signal Processor，DSP）等组件。模拟前端电路负责对输入模拟信号进行放大、滤波和调整，以便后续的处理。ADC将模拟信号转换为数字信号，DAC则将数字信号转换为模拟信号。数字信号处理器用于数字信号的处理、算法运算和控制。混合信号集成电路在许多领域中发挥着重要作用，特别是在通信、嵌入式系统、传感器和数据转换等应用中。它们可以实现高效的数据处理、精确的信号调节和控制，以及作为外部系统的接口与外部系统连接。混合信号集成电路在现代电子设备（例如智能手机、无线通信系统和医疗仪器等）中起到了关键的作用。

总而言之，混合信号集成电路是一种结合了模拟信号和数字信号处理功能的集成电路，它能够实现信号的转换、处理和控制，广泛应用于各种现代电子设备和系统中。

1.3 开关电容放大器电路的意义

开关电容放大器是一个典型的混合信号集成电路组件，由开关器件、电容器和运算放大器构成。它通过数字命令信号控制开关器件在特定时间段分别导通和关断，使输入信号源对电容器进行充放电，从而对模拟输入信号采样并保持，然后通过运算放大器输出放大信号，实现数字信号与模拟信号协作的处理。

开关电容放大器也是模数转换器、信号读出电路等器件中采样保持电路的核心模块，其性能直接影响整个器件系统的性能。对于混合信号集成电路的初学者，在一定的工艺尺寸下，通过研究以闭环增益、采样频率、总谐波失真（Total Harmonic Distortion，THD）和精度等为要求的采样保持电路，能系统地学习开关电容技术的采样保持放大电路的基本思想，掌握包括运算放大器、金属氧化物半导体（Metal Oxide Semiconductor，MOS）晶体管开关等在内的混合信号集成电路设计过程，同时能掌握包括电荷注入、下极板采样、噪声、频率响应等在内的模拟集成电路基础知识。

一般来说，应用的输入电压信号是连续变化的模拟信号。提供数字命令并输入以触发输入信号的采样和保持。命令输入只不过是开始/停止输入信号采样的开/关信号，它通常是脉冲宽度调制（Pulse Width Modulation，PWM）。采样和保持过程取决于命令输入。当开关闭合时，对信号进行采样，当开关断开时，电路保持输出信号。开关的开/关条件由命令输入控制。如图1.1所示，模数转换过程为：模拟信号→采样保持→量化→数字信号。开关电容放大器电路可实现的功能有采样保持、模拟信号减法运算、模拟信号放大、信号积分等。

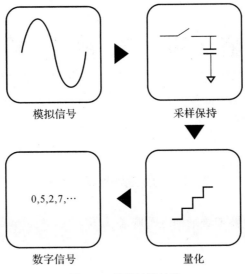

图 1.1　模数转换过程

第 2 章 电路分析

2.1 顶层电路介绍

开关电容采样保持电路原理如图 2.1 所示。

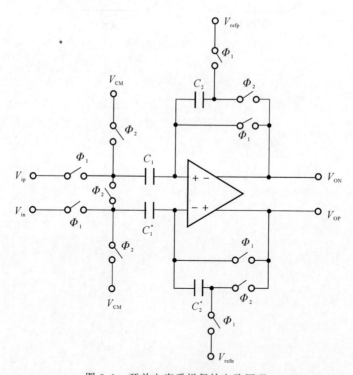

图 2.1 开关电容采样保持电路原理

其中 Φ_1、Φ_2 为该采样电路的非交叠时钟控制信号,信号波形如图 2.2 所示,Φ_1 为高电平时对该电路进行信号采样,Φ_2 为高电平时电路会对采样的信号进行放大。

该开关电容采样保持电路有三种工作模式(黑色为电路公共部分),分别为:

模式 1:差分输入(绿色,标准共模电压)。

模式 2:单端输入(红色,标准共模电压)。

模式 3:单端输入(红色,可调共模电压)。

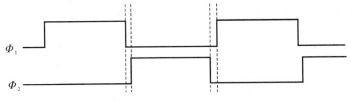

图 2.2 非交叠时钟控制信号波形

电路在 3 种模式下的输入信号见表 2.1。在模式 1 下,参考电压 V_{refn}、V_{refp} 均为共模电压 V_{CM},输入信号为一对差分模拟信号;在模式 2 下,参考电压也均为 V_{CM},但在正向输入端接 V_{CM},反向输入端才为输入的单端模拟信号;模式 3 的参考电压在后续电路的分析计算中会有推导,它的正向输入端接地(Ground,GND),反向输入端接输入的单端模拟信号。

表 2.1 3 种模式下的输入信号

信号名	模式 1	模式 2	模式 3
V_{refn}	V_{CM}	V_{CM}	?
V_{refp}	V_{CM}	V_{CM}	?
V_{IN}	V_{inn}	V_{in}	V_{in}
V_{IP}	V_{inp}	V_{CM}	GND

2.2 电路原理分析

2.2.1 电荷守恒定律

电荷守恒定律是物理学的基本定律之一。它指出,对于一个孤立系统,不论发生什么变化,其中所有电荷的代数和永远保持不变。电荷守恒定律表明:如果某一区域中的电荷增加或减少了,那么必定有等量的电荷进入或离开该区域;如果在一个物理过程中产生或消失了某种电荷,那么必定有等量的异号电荷同时产生或消失。也可以理解为一个与外界没有电荷交换的系统,不管系统中的电荷如何迁移,系统电荷的代数和保持不变。

2.2.2 运算放大器的负反馈

运算放大器(简称"运放")是许多模拟系统和混合信号系统中的一个完整部分。大量的具有不同复杂程度的运放被用来实现从直流偏置的产生到高速放大或滤波的各种功能。

反馈指的是将电子系统的输出量(通常可以是电压或是电流)通过反馈通路又送回输入端。从输出端来看,正反馈指的是当输入量不变时,引入反馈后输出量变大了,负反馈指的是当输入量不变时,引入反馈后输出量变小了。负反馈放大电路框图如图 2.3 所示,从输入端来看:正反馈指的是,引入反馈后,净输入量变大了;负反馈指的是,引入反馈后,净输入量变小了。

将运放的输出端与运放的反相输入端连接起来,这样的方式被称为负反馈,这是使系统达到自稳定的关键。

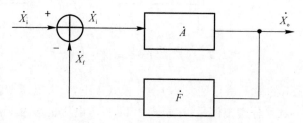

图 2.3 负反馈放大电路框图

2.2.3 开关电容采样保持电路分析

模式 1 等效电路如图 2.4 所示。

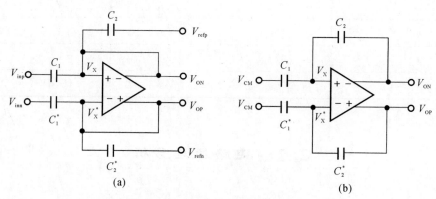

图 2.4 模式 1 等效电路
(a) 采样阶段等效电路;(b) 保持阶段等效电路

模式 1 输入输出电压关系推导如下:

在采样阶段(当 Φ_1 为高电平时),V_X、V_X^* 为 V_{ON}、V_{OP} 的共模输出电压 V_{CM},V_{refp}、V_{refn} 的输入信号为 V_{CM},计算出各个电容的电荷量:

$$Q_1(\Phi_1) = C_1(V_{inp} - V_X) = C_1(V_{inp} - V_{CM}) \tag{2.1}$$

$$Q_1^*(\Phi_1) = C_1^*(V_{inn} - V_X^*) = C_1^*(V_{inn} - V_{CM}) \tag{2.2}$$

$$Q_2(\Phi_1) = C_2(V_{refp} - V_{ON}) = C_2(V_{refp} - V_X) = C_2(V_{CM} - V_{CM}) = 0 \tag{2.3}$$

$$Q_2^*(\Phi_1) = C_2^*(V_{refn} - V_{OP}) = C_2^*(V_{refn} - V_X^*) = C_2^*(V_{CM} - V_{CM}) = 0 \tag{2.4}$$

同理,在放大阶段(当 Φ_2 为高电平时),V_X、V_X^* 为采样阶段的电压 V_{CM},计算出各个电容的电荷量:

$$Q_1(\Phi_2) = C_1(V_{CM} - V_X) = C_1(V_{CM} - V_{CM}) = 0 \tag{2.5}$$

$$Q_1^*(\Phi_2) = C_1^*(V_{CM} - V_X^*) = C_1^*(V_{CM} - V_{CM}) = 0 \tag{2.6}$$

$$Q_2(\Phi_2) = C_2(V_{ON} - V_X) = C_2(V_{ON} - V_{CM}) \tag{2.7}$$

$$Q_2^*(\Phi_2) = C_2^*(V_{OP} - V_X^*) = C_2^*(V_{OP} - V_{CM}) = 0 \tag{2.8}$$

根据电荷守恒定律可知

$$Q_1(\Phi_1) + Q_2(\Phi_1) = Q_1(\Phi_2) + Q_2(\Phi_2) \tag{2.9}$$

将式(2.1)、式(2.3)、式(2.5)和式(2.7)代入式(2.9)可得

$$C_1(V_{inp} - V_{CM}) + 0 = 0 + C_2(V_{ON} - V_{CM}) \tag{2.10}$$

将式(2.2)、式(2.4)、式(2.6)和式(2.8)代入式(2.9)可得

$$C_1^*(V_{inn} - V_{CM}) + 0 = 0 + C_2(V_{ON} - V_{CM}) \tag{2.11}$$

整理式(2.10)、式(2.11)分别可得

$$V_{ON} = \frac{C_1}{C_2}(V_{inp} - V_{CM}) + V_{CM} \tag{2.12}$$

$$V_{OP} = \frac{C_1^*}{C_2^*}(V_{inn} - V_{CM}) + V_{CM} \tag{2.13}$$

将式(2.12)和式(2.13)联立,并将 $C_1 = C_1^* = 2C_2 = 2C_2^*$ 代入可得

$$\frac{V_{OP} - V_{ON}}{V_{inn} - V_{inp}} = \frac{C_1}{C_2} = 2 \tag{2.14}$$

模式 2、模式 3 等效电路如图 2.5 所示。

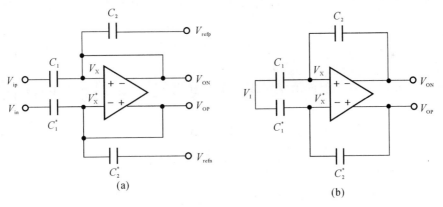

图 2.5 模式 2、模式 3 等效电路
(a) 采样阶段等效电路;(b) 保持阶段等效电路

模式 2、模式 3 输入输出关系推导如下:

在采样阶段(当 Φ_1 为高电平时), V_X、V_X^* 为 V_{ON}、V_{OP} 的共模输出电压 V_{CM},计算各个电容的电荷量:

$$Q_1(\Phi_1) = C_1(V_{IP} - V_X) = C_1(V_{IP} - V_{CM}) \tag{2.15}$$

$$Q_1^*(\Phi_1) = C_1^*(V_{in} - V_X) = C_1^*(V_{in} - V_{CM}) \tag{2.16}$$

$$Q_2(\Phi_1) = C_2(V_{refp} - V_X) = C_2(V_{refp} - V_{CM}) \tag{2.17}$$

$$Q_2^*(\Phi_1) = C_2^*(V_{refn} - V_X^*) = C_2^*(V_{refn} - V_{CM}) \tag{2.18}$$

同理,在放大阶段(当 Φ_2 为高电平时), V_X、V_X^* 为采样阶段的电压值 V_2, $C_1 = C_1^*$, $C_2 = C_2^*$,计算出各个电容的电荷量:

$$Q_1(\Phi_2) = \frac{C_1}{C_1 + C_1^*}[Q_1(\Phi_1) + Q_1^*(\Phi_1)] = \frac{1}{2}C_1(V_{IP} + V_{in} - 2V_{CM}) \quad (2.19)$$

$$Q_1^*(\Phi_2) = \frac{C_1^*}{C_1 + C_1^*}[Q_1(\Phi_1) + Q_1^*(\Phi_1)] = \frac{1}{2}C_1(V_{IP} + V_{in} - 2V_{CM}) \quad (2.20)$$

$$Q_2(\Phi_2) = C_2(V_{ON} - V_X) = C_2(V_{ON} - V_2) \quad (2.21)$$

$$Q_2^*(\Phi_2) = C_2^*(V_{OP} - V_X^*) = C_2(V_{OP} - V_2) \quad (2.22)$$

将式(2.15)、式(2.17)、式(2.19)和式(2.21)代入电荷守恒表达式(2.9)可得

$$V_{ON} = \frac{C_1}{2C_2}(V_{IP} - V_{in}) + V_{refp} + V_2 - V_{CM} \quad (2.23)$$

将式(2.16)、式(2.18)、式(2.20)和式(2.22)代入式(2.9)可得

$$V_{ON} = \frac{C_1}{2C_2}(V_{in} - V_{IP}) + V_{refp} + V_2 - V_{CM} \quad (2.24)$$

对于模式2,联立式(2.23)和式(2.24),并将$V_{refn}=V_{refp}=V_{CM}$,$V_{IP}=V_{CM}$,$V_2=V_{CM}$,$C_1=2C_2$代入并整理得

$$\frac{V_{OP} - V_{ON}}{V_{in} - V_{CM}} = \frac{C_1}{C_2} = 2 \quad (2.25)$$

对于模式3,$V_{IP}=0$,$C_1=2C_2$,设输入电压$V_{in}=V_{sin}+V_{CM}$,代入式(2.23)和式(2.25)可得

$$V_{ON} = V_{refp} - V_{sin} + V_2 - 2V_{CM} \quad (2.26)$$

$$V_{OP} = V_{refn} + V_{sin} + V_2 \quad (2.27)$$

由于全差分运放的两个输出V_{ON}、V_{OP}的共模电压应为V_{CM},所以由式(2.26)和式(2.27)可知

$$V_{ON} = V_{refp} - V_{sin} + V_2 - 2V_{CM} = V_{CM} - V_{sin} \quad (2.28)$$

$$V_{OP} = V_{refn} + V_{sin} + V_2 = V_{CM} + V_{sin} \quad (2.29)$$

当$V_2=V_{CM}$时,$V_{refp}=2V_{CM}$,$V_{refn}=0$。

当$V_2 \neq V_{CM}$时,$V_{refp} - V_{refn} = 2V_{CM}$,即参考电压满足该关系式即可。

在实际电路中,为了使电路更加稳定,通常使$V_2=V_{CM}$,即$V_{refp}=2V_{CM}$,$V_{refn}=0$,此时的输入输出关系仍满足式(2.25),$\frac{V_{OP}-V_{ON}}{V_{in}-V_{CM}} = \frac{C_1}{C_2} = 2$。

2.2.4 精度计算

在实际电路中,运放有限的增益和带宽会导致采样保持电路的精度发生变化,下面介绍增益和带宽对电路精度的影响。

实际的运算放大器的开环增益并不是无穷大的,它是一个有限的值,这会导致一些问题:影响运放的直流增益;随着温度的变化,在最糟糕的情况下会导致误差不可忽略;低开环增益的运放不适合高精度的放大。

对于运算放大器来说,增益带宽积(Gain-bandwidth Product,GBW)越大,意味着运放的速度越快,响应时间越短。增益带宽积是指放大器的开环增益和单位增益带宽的乘积,而

单位增益带宽是指运放的闭环增益为1倍的条件下,将一个恒幅正弦小信号输入运放的输入端,从运放的输出端测得闭环电压增益下降3 dB(或运放输入信号的0.707倍)所对应的信号频率。

增益带宽积是一个很重要的指标,在知道要处理的信号频率和信号所需的增益后,可以计算出增益带宽积,以选择合适的运放。

为了简化采样保持电路的分析,运算放大器的正向输入端和反相输入端是对称的,因此接下来将只对采样保持电路的半边电路进行分析,其半边电路原理如图2.6所示。由于3种工作模式下的半边电路相同,所以统一分析。

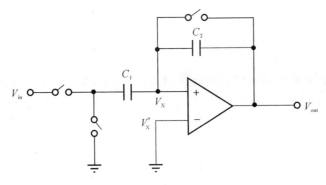

图2.6 半边电路原理

1. 理想情况

理想情况是指运算放大器的增益无限大,电路由理想器件构成并且没有寄生电容等非理想因素。

半边电路采样阶段电路如图2.7所示。在采样阶段,运放的输出端反馈到反向输入端,使该运放满足"虚短"条件,因此反向输入端为虚地,有$V_X=V_X^*=0$,此时输入信号对电容C_1进行充电,电容C_2两端电压都为0,故电容C_2中无电荷存在。电容C_1采样到的电荷量为

$$Q(\Phi_1)=C_1(V_{in}-V_X)=V_{in}C_1 \tag{2.30}$$

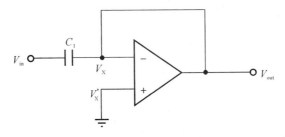

图2.7 半边电路采样阶段电路

半边电路保持阶段电路如图2.8所示。在保持阶段,运算放大器的输出端通过电容C_2反馈到反向输入端,形成反馈回路,使得运放再次满足"虚短"的条件,此时有$V_X=V_X^*=0$,因此电容C_1两端的电压相同,故电容C_1中无电荷存在,采样阶段电容C_1中的电荷会转移

到电容 C_2 中以完成信号的保持,因此电容 C_2 中的电荷量为

$$Q(\Phi_2) = C_2(V_{\text{out}} - V_X) = V_{\text{out}} C_2 \tag{2.31}$$

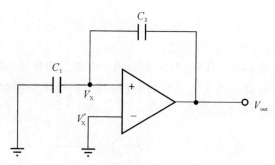

图 2.8 半边电路保持阶段电路

由电荷守恒定律可知,采样阶段和保持阶段两个电容 C_1、C_2 中总的电荷量相同,在采样阶段电容 C_2 中无电荷,在保持阶段电容 C_1 中无电荷,因此有 $Q(\Phi_1) = Q(\Phi_2)$,将式(2.30)、式(2.31)和 $C_1 = 2C_2$ 代入计算可得 $V_{\text{in}} C_1 = V_{\text{out}} C_2$,整理可得到理想情况下的电路增益为

$$\frac{V_{\text{out}}}{V_{\text{in}}} = \frac{C_1}{C_2} = 2 \tag{2.32}$$

2. 非理想情况

非理想情况是指运算放大器的增益为有限值,在非理想情况下还应该考虑寄生电容对电路精度的影响。

在非理想情况下,若不考虑寄生电容对电路的影响,则其采样阶段和保持阶段的半边电路仍如图 2.7 和图 2.8 所示。

在采样阶段,设 V_X 节点的电位为 V_X,电容 C_1 中的电荷为

$$Q_{C_1}(\Phi_1) = C_1(V_{\text{in}} - V_X) \tag{2.33}$$

在保持阶段,电容 C_1、C_2 的电荷分别为

$$Q_{C_1}(\Phi_2) = C_1(0 - V_X) \tag{2.34}$$

$$Q_{C_2}(\Phi_2) = C_2(V_{\text{out}} - V_X) \tag{2.35}$$

由电荷守恒定律可知 Φ_1 和 Φ_2 时刻的电荷总量相同,即

$$Q_{C_1}(\Phi_1) = Q_{C_1}(\Phi_2) + Q_{C_2}(\Phi_2) \tag{2.36}$$

由电路增益关系可知

$$V_{\text{out}} = A_V(0 - V_X) \tag{2.37}$$

将式(2.33)~式(2.36)代入式(2.37)可得

$$\frac{V_{\text{out}}}{V_{\text{in}}} = \frac{C_1}{C_2}\left(1 - \frac{1}{A_V + 1}\right) \tag{2.38}$$

运放增益和增益带宽积如图 2.9 所示,对于一阶系统,其传递函数为 $A(s) = \dfrac{A_0}{1 + \dfrac{S}{P_0}}$,增

益带宽积为 $P_{GBW} = \dfrac{A_0 P_0}{2\pi}$,反馈系数为 $\beta = \dfrac{C_2}{C_1 + C_2}$,环路增益为 $A = \beta A_0$。

列出该一阶系统方程:

$$\left.\begin{array}{r}\dfrac{V_{in} - V_X}{\dfrac{1}{sC_1}} = \dfrac{V_X - V_{out}}{\dfrac{1}{sC_2}} \\ V_{out} = A(s)(0 - V_X) \end{array}\right\} \quad (2.39)$$

整个电路的传递函数为

$$\dfrac{V_{out}}{V_{in}} = H(s) = -\dfrac{C_1}{C_1 + C_2} \cdot \dfrac{A(s)}{1 + \dfrac{C_2}{C_1 + C_2}A(s)} \quad (2.40)$$

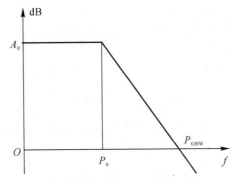

图 2.9 运放增益和增益带宽积

整理式(2.40)可得

$$H(s) = -\dfrac{C_1}{C_2} \cdot \dfrac{A}{1+A} \cdot \dfrac{1}{1 + \dfrac{s}{(1+A)P_0}} \quad (2.41)$$

将式(2.40)变形并将式(2.41)代入可得

$$V_{out}(s) = H(s) \cdot V_{in}(s) = -\dfrac{C_1}{C_2} \cdot \dfrac{A}{1+A} \cdot \dfrac{1}{1 + \dfrac{s}{(1+A)P_0}} \cdot \dfrac{V_{in}}{s} \quad (2.42)$$

由拉普拉斯逆变换 $\left[\dfrac{a}{s(s+a)} \Leftrightarrow 1 - e^{-at}\right]$ 可知

$$V_{out} = -V_{in}\dfrac{C_1}{C_2} \cdot \dfrac{A}{1+A}(1 - e^{-\frac{t}{\tau}}) \quad (2.43)$$

其中:$\tau = \dfrac{1}{(1+A)P_0} \approx \dfrac{1}{AP_0} = \dfrac{1}{\beta A_0 P_0} = \dfrac{1}{2\pi\beta P_{GBW}}$,理想的输出结果为 $-V_{in}\dfrac{C_1}{C_2}$,而 $\dfrac{A}{1+A}$ 为静态误差,与时间无关,$1 - e^{-\frac{t}{\tau}}$ 为动态误差,是关于时间的函数,误差示意图如图 2.10 所示。

若假设静态误差和动态误差一样大,则在 n 位精度下有

$$\frac{A}{1+A}(1-e^{-\frac{t}{\tau}}) = \left(1-\frac{1}{1+A}\right)(1-e^{-\frac{t}{\tau}}) \approx \left(1-\frac{1}{A}\right)(1-e^{-\frac{t}{\tau}}) > 1-\frac{1}{2n}$$

由静态误差和动态误差一样大可知：

$$\frac{1}{A} = e^{-\frac{t}{\tau}} \Rightarrow \frac{1}{A} + e^{-\frac{t}{\tau}} - \frac{1}{A} \times e^{-\frac{t}{\tau}} < \frac{1}{2n} \Rightarrow \frac{1}{A} = e^{-\frac{t}{\tau}} < \frac{1}{2^{n+1}}$$

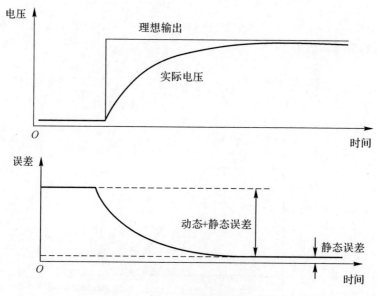

图 2.10　误差示意图

直流增益：$A > \dfrac{1}{2^{n-1}} \Rightarrow \beta A_0 > 2^{n-1} \Rightarrow A_0 > \dfrac{2^{n-1}}{\beta}$。

单位增益带宽积：$e^{-\frac{t}{\tau}} < \dfrac{1}{2^{n-1}} \Rightarrow \tau < \dfrac{t_s}{(n+1)\ln 2} \Rightarrow P_{GBW} > \dfrac{(n+1)\ln 2}{2\pi\beta t_s}$。

在非理想情况下，若考虑运算放大器的寄生电容 C_{in}（见图 2.11），则在电路精度不变的条件下实际运放的增益 A 和带宽 P_{GBW} 的需求也会发生变化。

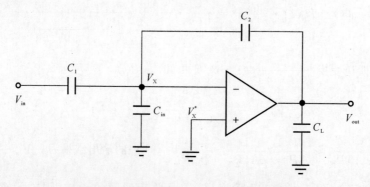

图 2.11　考虑寄生电容 C_{in} 的半边电路原理

反馈系数变为

$$\beta = \frac{C}{C_1 + C_2 + C_{in}}$$

电路方程变为

$$\left. \begin{aligned} \frac{V_{in} - V_X}{\frac{1}{sC_1}} &= \frac{V_X - V_{out}}{\frac{1}{sC_2}} + \frac{V_X - 0}{\frac{1}{sC_{in}}} \\ V_{out} &= A(s)(0 - V_X) \end{aligned} \right\} \quad (2.44)$$

计算式(2.44)可得整个电路新的传递函数。

$$\frac{V_{out}}{V_{in}} = H(s) = -\frac{C_1}{C_1 + C_2 + C_{in}} \cdot \frac{A(s)}{1 + \frac{C}{C_1 + C_2 + C_{in}} A(s)} \quad (2.45)$$

由式(2.45)可以看出,该传递函数与不考虑寄生电容的传递函数的形式相同,因此最后求出的输入输出关系也相同,只有反馈系数 β 发生了改变。

2.3 设计流程

模拟集成电路设计流程如图 2.12 所示。

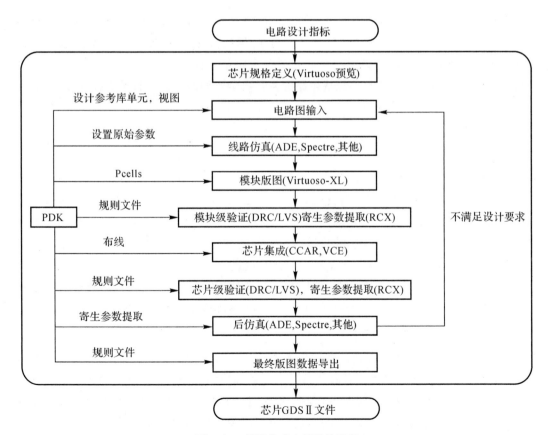

图 2.12 模拟集成电路设计流程

模拟集成电路设计可分为以下几个步骤。

1. 系统规格定义

在这个阶段,系统工程师把整个系统和其子系统看成是一个个只有输入输出关系的"黑盒子",不仅要对其中每一个子系统进行功能定义,而且要提出时序、功耗、面积、信噪比等性能参数的范围要求。

2. 电路设计

设计者根据设计要求,首先要选择合适的工艺设计包(Process Design Kit,PDK),其次要选择合理的构架系统。

3. 电路仿真

设计工程师必须确认设计是正确的,为此要基于晶体管模型,借助电子设计自动化(Electronic Design Automation,EDA)工具进行电路性能的评估和分析。在这个阶段要依据电路仿真结果来修改晶体管参数。依据工艺库中参数的变化来确定电路工作的区间和限制、验证环境因素的变化对电路性能的影响,最后还要通过仿真结果指导下一步的版图实现。本书依托 Cadence Virtuoso 工具进行设计与仿真。

4. 版图实现

电路的设计及仿真决定电路的组成及相关参数,但并不能直接送往晶圆代工厂进行制作。设计工程师需提供集成电路的物理几何描述,即通常说的"版图"。这个环节就是要把设计的电路转换为图形描述格式。互补金属氧化物半导体(Complementary Metal Oxide Semiconductor,CMOS)器件模拟集成电路通常是以全定制的方法进行手工版图设计的,在设计过程中需要考虑设计规则、匹配性、噪声、串扰、寄生效应等对电路性能和可制造性的影响。

5. 物理验证

版图的设计是否满足晶圆代工厂的制造可靠性需求?从电路转换到版图是否引入了新的错误?物理验证阶段将通过设计规则检查(Design Rule Check,DRC)和版图网表与电路原理图(Layout Versus Schematics,LVS)的比对解决上述两类验证问题。几何规则检查可用于保证版图在工艺上的可实现性,它以给定的设计规则为标准,对最小线宽、最小图形间距、孔尺寸、栅和源漏区的最小交叠面积等工艺限制进行检查。将版图网表与电路原理图进行比对,以保证版图的设计与其电路设计的匹配。LVS 工具从版图中提取包含电气连接属性和尺寸大小的电路网表,然后与原理图得到的电路网表进行比较,检查两者是否一致。

6. 参数提取后仿真

在版图完成之前的电路模拟仿真都是比较理想的,不包含来自版图中的寄生参数,被称为"前仿真";加入版图中的寄生信息进行的仿真被称为"后仿真"。CMOS 模拟集成电路相对数字集成电路来说对寄生参数更加敏感,前仿真的结果满足设计要求并不代表后仿真也能满足。寄生效应愈加明显,后仿真分析将显得尤为重要。与前仿真一样,当结果不满足要求时需要修改晶体管参数甚至某些地方的结构。对于高性能的设计,这个过程是需要反复多次进行的,直至后仿真满足系统的设计要求。

7. 导出流片数据

通过后仿真,设计的最后一步就是导出版图数据(Graphic Data System Ⅱ,GDSⅡ)文件。将该文件交给晶圆厂,就可以进行芯片的制造了。

2.4 设计指标分析

本书给出采样频率、增益、精度、谐波失真等设计指标,见表2.2,电路放大倍数为2倍,输入电压的峰-峰值为1 V,输出电压的峰-峰值为2 V,电路的总谐波失真小于-60 dB,电路精度不低于10位,电源电压为1.8 V,共模输出电压为0.9 V,采样频率不小于50 MHz。

表2.2 电路的参数要求以及设计目标

参数	设计目标
电路放大倍数	2
输入的峰-峰值电压/V	1
输出的峰-峰值电压/V	2
电路的总谐波失真/dB	<-60
电路精度/bit	≥10
电源电压/V	1.8
共模输出电压/V	0.9
采样频率/MHz	≥50

根据给出的设计指标进行分析,并进一步推算得到所需的设计参数。

1. 运放增益

当考虑10位精度且不考虑C_{in}时,由$A_0 > \frac{2^{n-1}}{\beta}$,$\beta = \frac{1}{3}$可知,$A_0 = \frac{2^{11}}{1/3} \approx 6\,144$,因此有$20\lg A_0 \approx 75.77$ dB。

当取10位精度且考虑运算放大器C_{in}时,由于反馈系数$B = \frac{C_2}{C_1 + C_2 + C_{in}}$会变小,对此,需要设计的运算放大器的增益和运放增益带宽积都要增大。一般寄生电容的大小为负载电容的0.1~0.2。

为了保证设计合理,计算时考虑一个极端情况,取$C_{in} = 0.5C_1$,因此反馈系数$\beta = \frac{1}{4}$,此时由$A_0 > \frac{2^{n-1}}{\beta}$,$\beta = \frac{1}{4}$知,$A_0 > \frac{2^{11}}{1/4} = 8\,192$,因此不同寄生电容下所需要的运放增益见表2.3。

表 2.3　不同寄生电容下所需要的增益

C_{in}	$0.1C_1$	$0.2C_1$	$0.3C_1$	$0.4C_1$	$0.5C_1$
A_0	6 553.6	6 963.2	7 372.8	7 782.4	8 192
增益/dB	76.3	76.9	77.34	77.8	78.3

2. 运放增益带宽积

采样频率为 50 MHz，因此采样周期 $T_s=20$ ns，取采样态和保持态的时间各为 10 ns，可以得知建立时间最大为 10 ns，为了给后级电路留足时间，取建立时间为 9.7 ns。

当取 10 位精度且不考虑 C_{in} 时，若建立时间 $T_s=9.7$ ns，$\beta=\dfrac{1}{3}$，$n=10$，则 $P_{GBW}>$

$$\dfrac{n+2\ln 2}{2\pi\times\dfrac{1}{3}\times 9.7\times 10^{-9}}\approx 417 \text{ MHz}。$$

当取 10 位精度且考虑运算放大器 C_{in} 时，为了保证设计留有余度，计算时考虑一个极端情况，取 $C_{in}=0.5C_1$，因此反馈系数 $\beta=\dfrac{1}{4}$。

若建立时间 $T_s=9.7$ ns，$n=10$，则 $P_{GBW}>\dfrac{n+2\ln 2}{2\pi\times\dfrac{1}{4}\times 9.7\times 10^{-9}}\approx 500.8$ MHz，不同寄生电容下所需要的运放带宽积见表 2.4。

表 2.4　不同寄生电容下所需要的单位增益带宽积

C_{in}	$0.1C_1$	$0.2C_1$	$0.3C_1$	$0.4C_1$	$0.5C_1$
P_{GBW}/MHz	400.5	425.7	450.7	475.7	500.8

第 3 章　理想器件下的电路实现

3.1　理想运放

运算放大器(简称"运放")是具有很大放大倍数的电路单元。在实际电路中,通常结合反馈网络共同组成某种功能模块。它是一种带有特殊耦合电路及反馈的放大器,其输出信号可以是输入信号加、减或微分、积分等数学运算的结果。由于早期应用于模拟计算机中以实现数学运算,故得名"运算放大器"。

运算放大器是一个内含多级放大电路的电子集成电路。其输入级是差分放大电路,具有高输入电阻和抵制零点漂移能力;输出级与负载相连,具有带载能力强、低输出电阻特点。

当实际运放的开环电压增益 A 非常大,可以近似认为 $A \to \infty$。此时,有限增益运放模型可以进一步简化为理想运放模型,简称"理想运放",其输入阻抗无穷大,输出阻抗趋于 0,真实运算放大器模型和理想运算放大器模型如图 3.1 和图 3.2 所示。

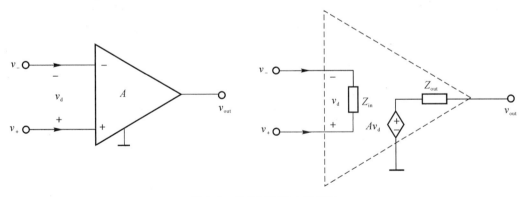

图 3.1　真实运算放大器模型

在 Cadence 中使用的元器件有电压控制电流源、电阻、电容(元器件的路径和符号见表3.1)等。添加元器件时在工具栏中点击 ![icon],或者使用快捷键"I",在弹出界面中输入元器件所在的器件库名称或者点击"Browse",再点击元器件所在位置,如图 3.3 和图 3.4 所示。选择元器件视图时,一定要选择"symbol",否则仿真时会出现问题。连线时可在工具栏中点击 ![icon] 或者使用快捷键"W"。添加引脚在工具栏中时点击 ![icon] 或者使用快捷键"P",输入引脚设置,如图 3.5 所示。图 3.6 是在 Cadence 中的理想运放电路。

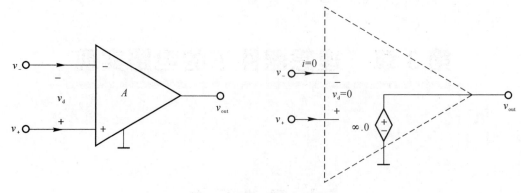

图 3.2 理想运算放大器模型

表 3.1 元器件所在器件库及名称

元器件	器件库	名称	符号
电压控制电流源	analogLib	vccs	G φ ggain:1.φ
电阻	analogLib	res	R φ r:1K
电容	analogLib	cap	C φ c:1p

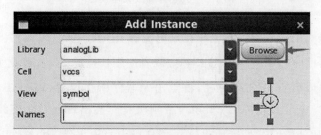

图 3.3 元器件路径选择

第 3 章　理想器件下的电路实现

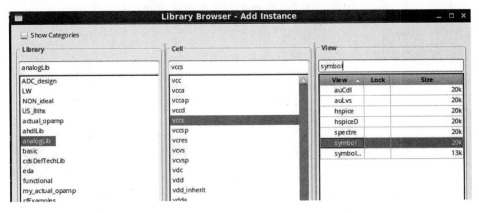

图 3.4　点击器件库及元器件名称

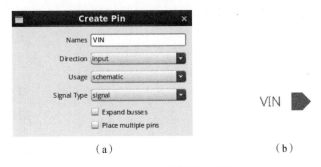

（a）　　　　　　　　　　　（b）

图 3.5　输入引脚设置示例

(a)引脚命名及方向设置；(b)输入引脚符号

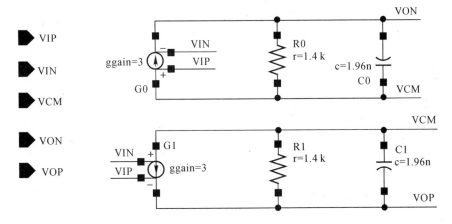

图 3.6　在 Cadence 中的理想运放电路

画好理想运算放大器的电路图后,再添加测试电路,如图 3.7 所示,该电路用于测量运算放大器的带宽和增益。所设计到的元器件包括正弦波发生源、电压控制电压源、直流电压源、接地端,元器件所在库及名称见表 3.2。

表 3.2 元器件所在器件库及名称

元器件	器件库	名称	符号
正弦信号发生源	analogLib	vsin	V0
电压控制电压源	analogLib	vcvs	E0 egain:1.0
直流电压源	analogLib	vdc	V1
接地端	analogLib	gnd	gnd

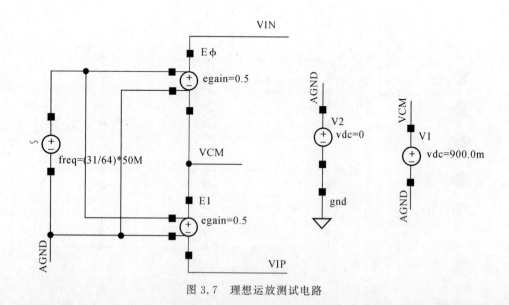

图 3.7 理想运放测试电路

进行仿真的步骤为:点击菜单栏中的 Launch→ADE L,弹出图 3.8(a)所示的界面。选择工具栏中的"Analyses",设置仿真的时钟,设置参数如图 3.8(b)所示,进行 AC 仿真。然

后点击一次 ▶，电路运行，再点击"Result"→"Direct Plot"→"Main From"，弹出图 3.8(c)所示的界面，设置输出形式为不同节点的计算值，输出结果以 dB 为数值单位。然后先点击连线"VOP"，再点击"VON"，就会弹出理想运放的增益和带宽波形图，如图 3.8(d)所示。读图 3.8(d)得到理想运放的增益为 78.48 dB，带宽为 500.23 MHz。

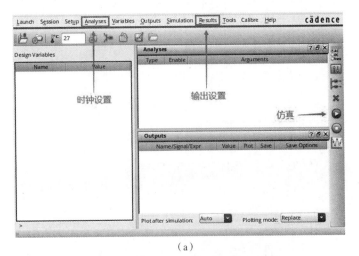

图 3.8 仿真操作步骤

(a)理想运放仿真器界面；(b)设置理想运放仿真时钟

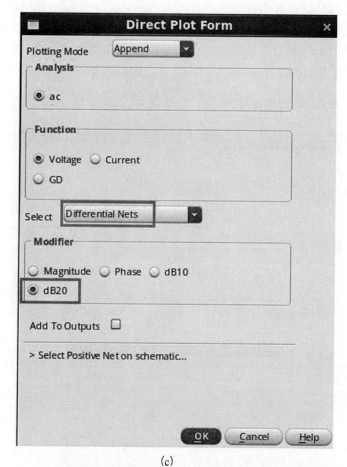

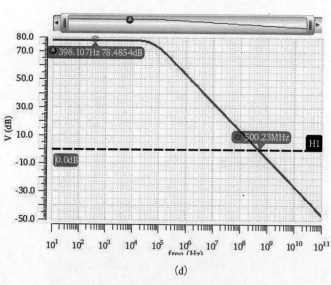

续图 3.8 仿真操作步骤

(c)输出形式设置;(d)理想运放增益和带宽波形

第 3 章 理想器件下的电路实现

将理想运放进行封装，选择菜单栏中的 Create→Cellview→From Cellview。在弹出窗口中选择保存的路径及命名器件名字，点击"OK"键，如图 3.9(a)所示。在下一个窗口，对封装器件的左右上下四个方位引脚位置进行大致设置，点击"OK"键，如图 3.9(b)所示。接着画器件的符号形状，如图 3.9(c)所示。点击"保存"按钮，即可调用该封装的器件。

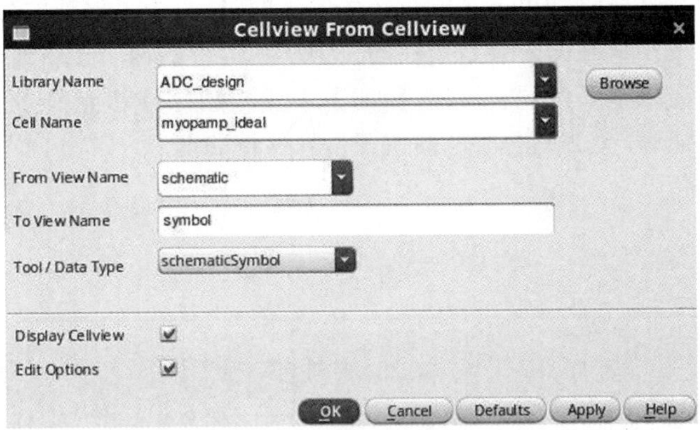

(a)

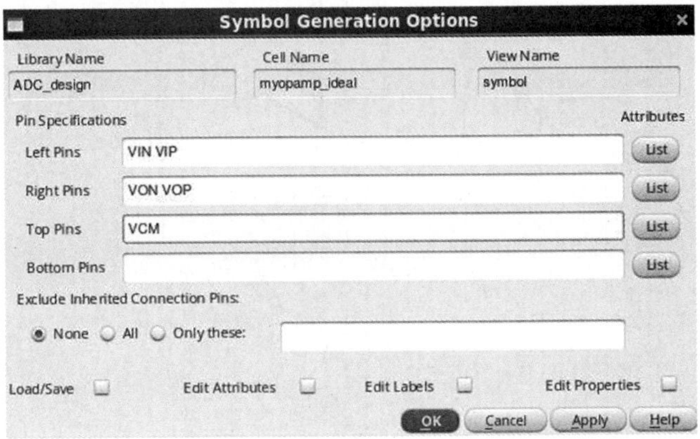

(b)

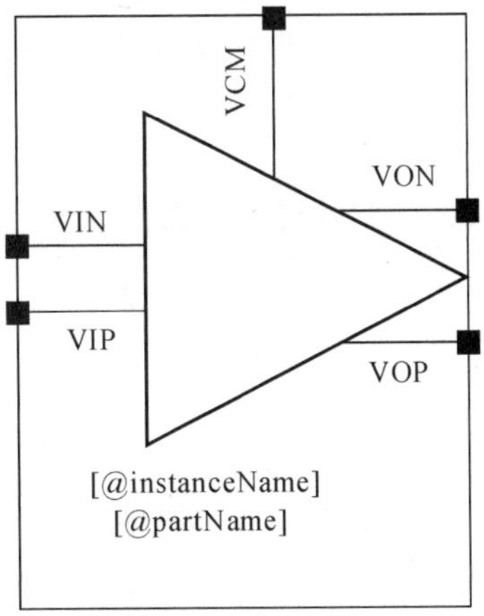

(c)

图 3.9 封装器件步骤

3.2 非重叠时钟

图 3.10 中的采样保持电路是电荷转移型采样保持电路。在采样保持电路中,至少有一对不相重叠的时钟。这些时钟决定了电荷转移发生的时间,为了保证电荷不会丢失,要求这些时钟不相重叠。不相重叠的时钟是指在同一频率上运行的两个逻辑信号不会在同一时间出现两个信号均为高低电平的同时转换,保证了采样相和保持相能独立进行。开关 1 闭合时电路实现采样功能,开关 2 闭合时电路实现信号保持功能。

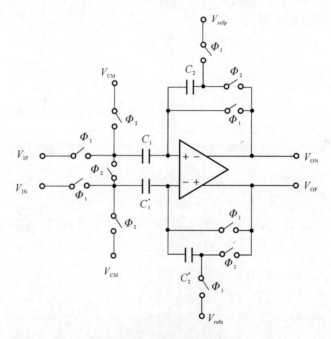

图 3.10 采样保持电路

图 3.10 所示的电路使用的时钟信号为方波信号,在器件库 analogLib 中,名称为 vpulse,见表 3.3。图 3.11 是在 Cadence 中开关 1 与开关 2 非重叠时钟的设置,图 3.12 为 Cadence 中仿真的非重叠时钟波形。

表 3.3 元器件所在器件库及名称

元器件	器件库	名称	符号
方波信号发生源	analogLib	vpulse	V2 V1:0 V2:0

第 3 章 理想器件下的电路实现

CDF Parameter	Value	Display
DC voltage		off
AC magnitude		off
AC phase		off
Voltage 1	0 V	off
Voltage 2	1.8 V	off
Period	20 ns	off
Delay time	150 ps	off
Rise time	10 ps	off
Fall time	10 ps	off
Pulse width	9.7 ns	off

(a)

CDF Parameter	Value	Display
DC voltage		off
AC magnitude		off
AC phase		off
Voltage 1	1.8 V	off
Voltage 2	0 V	off
Period	20 ns	off
Delay time		off
Rise time	10 ps	off
Fall time	10 ps	off
Pulse width	10 ns	off

(b)

图 3.11 非重叠时钟设置
(a)时钟 1；(b)时钟 2

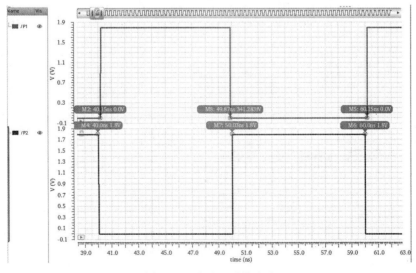

图 3.12 非重叠时钟波形

3.3 奈奎斯特采样定理

将一个连续的时间信号转变成一个离散的时间信号的方法有很多种,其中最常用的就是相同间隔采样,也就是奈奎斯特采样定理(Nyquist Sampling Theorem,NST)。奈奎斯特采样定理为:对于一个信号 $x(t)$ 而言,将它的频带限制在 $(0,f_H)$ 之内,若以 $f_s \geqslant 2f_H$ 的采样速率对其进行相同间隔的采样,从而得到一个离散的采样信号 $x(n)$。如此就可以实现采样之后的数字信号能够完整保留原始信号中的信息,也能够无失真地还原出原始的信号。模拟连续信号和数字化采样信号的频谱分别如图 3.13(a)(b)所示。如果 $f_s < 2f_H$,模拟输入信号的一些最高的频率成分将不能在数字输出中正确表现,当一个这样的数字信号被数模转换器转换回模拟形式的时候,错误的频率成分看起来不是最初的模拟信号中的频率成分,这种情况是失真的一种形式,叫作混叠现象。下面使用频域分析的方法来说明奈奎斯特采样定理。

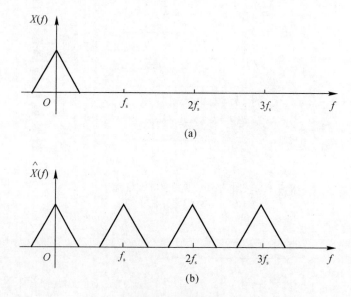

图 3.13 频谱图
(a) 模拟连续信号的频谱; (b) 采样信号的频谱

设原始模拟信号为 $x(t)$,其相应的频谱函数为 $X(\omega)$。$\delta(t)$ 为单位冲击函数,$\delta_T(t)$ 为周期为 $T_s = 1/f_s$ 的冲击函数的抽样脉冲序列,则有

$$\delta_T(t) = \sum_{n=-\infty}^{+\infty} \delta(t - nT_s) \tag{3.1}$$

$\delta_T(t)$ 的频谱为

$$\delta_T(\omega) = \frac{2\pi}{T_s} \sum_{n=-\infty}^{\infty} \delta(\omega - n\omega_s) \tag{3.2}$$

其中:

$$\omega_s = \frac{2\pi}{T_s} \tag{3.3}$$

原始模拟信号 $x(t)$ 经过抽样后所得到的信号为 $x_T(t)$：

$$x_T(t) = x(t)\delta_T(t) \tag{3.4}$$

将式(3.1)代入式(3.4)，得

$$x_T(t) = \sum_{n=-\infty}^{\infty} x(nT_s)\delta(t-nT_s) \tag{3.5}$$

则 $x_T(t)$ 的频谱 $X_T(\omega)$ 为

$$X_T(\omega) = \frac{1}{2\pi}[X(\omega)\delta_T(\omega)] = \frac{1}{T}\sum_{n=-\infty}^{\infty} X(\omega - n\omega_s) \tag{3.6}$$

由式(3.5)可以明显看出，原始的模拟信号 $x(t)$ 由周期 T_s 的抽样脉冲等间隔均匀采样之后得到信号 $x_T(t)$。在频域中，由式(3.6)可知，$x_T(t)$ 的频谱 $X_T(\omega)$ 由无穷多个间隔为 ω_s 的原始信号的频谱 $X(\omega)$ 叠加而成。如果以采样频率 f_s 小于 $2f_H$（或 $\omega_s < 2\omega_H$）的频率对信号进行抽样的话，抽样后信号的频谱在相邻的周期之间将相互混叠，频谱发生了混叠，表明所恢复的原始信号将会失真，也就是说用该采样频率对原始信号进行采样所得到的信号是不能用的。因此用一个带宽大于或等于 ω_H 的滤波器就能无失真地恢复出原始信号。

3.4 相干采样与非相干采样

分析相干采样前需先了解频谱泄漏的有关概念：所谓频谱泄漏，就是信号频谱中各谱线之间相互影响，使测量结果偏离实际值，同时在谱线两侧其他频率点上出现一些幅值较小的假谱。导致频谱泄漏的因素是采样频率和信号频率不同步，造成周期采样信号的相位在始端和终端不连续。

截取的信号为整周期的情况：如图 3.14 所示，在周期的无限长序列中，假设截取的是正好一个或整数个信号周期的序列，这个有限长序列就可以代表原无限长序列。经过周期延拓后得到新的无限长序列，如图 3.15 所示。如果分析的方法得当，分析结果应该与实际信号一致，因此不会发生频谱泄漏。

截取的信号为非整周期的情况：如图 3.16 所示，截取分析的有限长序列，傅里叶变换仍然将信号当成无限长序列来分析，这里采用了一种被称为周期延拓的技术，所谓周期延拓，就是把截取的有限长序列当成是无限长序列的一个周期，然后不断复制，得到一个新的无限长序列。

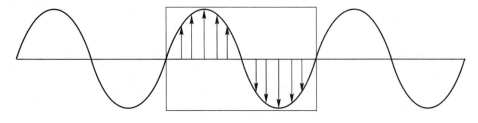

图 3.14　正弦信号的周期截取（相干采样）

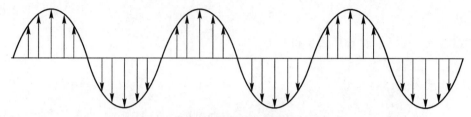

图 3.15 周期延拓后拼成的新序列（相干采样）

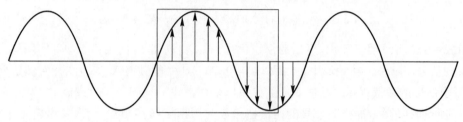

图 3.16 正弦信号的非周期截取（非相干采样）

如图 3.17 所示，从图 3.16 中截取的有限长序列，经过周期延拓后，得到一个新的无限长序列。显然，这个新的序列与原序列是不一样的。简单的理解是，发生频谱泄漏是因为截取的信号无法代表原信号，即分析的结果与实际不一致。

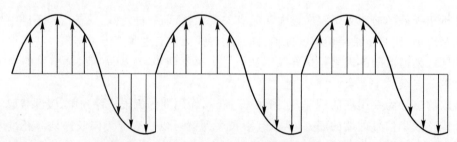

图 3.17 周期延拓后拼成的新序列（非相干采样）

相干采样就是采样时截断所取的时间为所要处理信号周期的整数倍。相干采样需要遵循的规则为

$$\frac{F_s}{N} = \frac{F_t}{M} \tag{3.7}$$

其中：F_s 是采样频率，N 是采样点数，F_t 是输入信号的频率，M 是输入信号的采样周期数。M 和 N 相互为素数，以避免重复采样，N 的值通常为 2^n（n 为整数）。F_s 至少是 F_t 的两倍。

非相干采样就是采样时截断所取的时间为所要处理信号周期的非整数倍，即在 $F_t = \frac{M}{N} \times F_s$ 中，M 不取整数的情况。但经过快速傅里叶变换后存在频谱泄漏这一固有特性，且不能根本消除，只能通过窗函数使泄漏减小。

在 Cadence 中，在电路仿真波形图界面的菜单栏中点"Measurements"→"spectrum"，弹出如图 3.18 所示的界面,点击需要进行频谱分析的信号波,然后进行其参数的设置。图 3.19(a)展示了输入信号为(31/64×50) MHz,采样频率为 50 MHz 情况下的频谱分析,即没有频谱泄漏的情况;图 3.19(b)展示了输入信号为(30.5/64×50) MHz,采样频率为 50 MHz 情况下的频谱分析,即有频谱泄漏的情况。

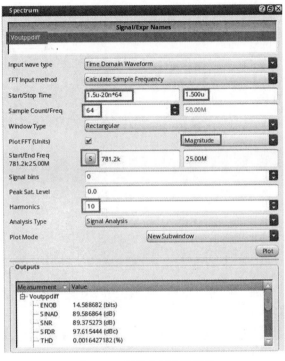

图 3.18 频谱分析参数设置

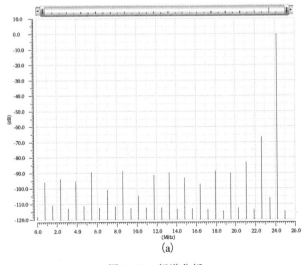

(a)

图 3.19 频谱分析

(a)没有频谱泄漏的情况

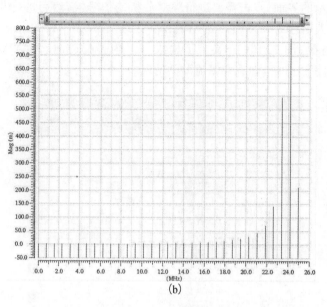

续图 3.19 频谱分析
(b)有频谱泄漏的情况

3.5 三种模式理想电路的搭建与仿真

输入信号的设置:输入正弦波信号的振幅设置为 250 mV,输入频率设置为(31/64×50) MHz(相干采样),差分输入的两个信号相位差为 180°。

时钟信号的设置:要求的采样保持时钟信号为非交叠时钟信号,时钟低电平为 0 V,高电平为 1.8 V,周期为 20 ns。采样时钟信号延迟时间为 150 ps,上升和下降时间为 10 ps,脉冲宽度为 9.7 ns。放大保持时钟信号延迟时间为 0 ps,上升和下降时间为 10 ps,脉冲宽度为 10 ns。具体设置如图 3.20 所示。三种工作模式时钟控制信号设置相同。

图 3.20 采样、保持时钟控制信号参数设置

理想开关的设置:理想开关为理想器件库(analogLib 库)的 switch 元件,该元件的 symbol 符号如图 3.21(a)所示,P1 为时钟控制信号,AGND 为地,需注意控制信号的端口,

第 3 章 理想器件下的电路实现

设置其开路电压为 899.99 mV,闭合电压为 900.01 mV,开路开关电阻为 1 TΩ,闭合开关电阻为 1 Ω。具体参数设置如图 3.21(b)所示。三种工作模式理想开关设置相同。

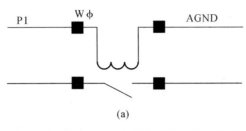

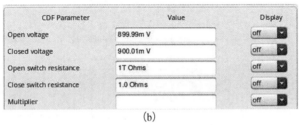

图 3.21 理想开关符号及参数设置
(a)symbol 开关符号;(b)具体参数设置

电容的设置:采样电容的选取涉及功耗、精度、速度、面积等多方面的因素。超高的采样速度要求采样电容尽可能小,较高的精度要求采样电容尽可能大,而电容过大会引起电路面积急剧增大,也会引起功耗的增大。因此适当的采样电容值的选取至关重要。本书主要从电容失配和热噪声两个方面来考虑,电容值越大,失配对精度的影响就越小,因此实际上电容越大精度越好,但是电容越大消耗面积越大。一般要求热噪声小于量化噪声。将电路的总的热噪声统一估计为 kT/C 噪声,而 ADC 的量化噪声为

$$\frac{kT}{C_s} \leqslant \frac{\left(\frac{V_{FS}}{2^n}\right)^2}{12}$$

其中,k 为波尔茨曼常数,T 为绝对温度,一般选取该值为 300.15 K,n 为电路的分辨率(10 bit),V_{FS} 为差分输入电压范围(1 V)。因此电容 C_s 为

$$C_s \geqslant 12kT\left(\frac{2^n}{V_{FS}}\right)^2 = 12 \times 1.380\,649 \times 10^{-23} \times 300.15 \times \left(\frac{2^{10}}{1}\right)^2 \,(\text{F}) \approx 52.14 \,(\text{fF})$$

最终出于对运放寄生电容等因素的考虑,将电容 C_1 设置为 400 fF,C_2 设置为 200 fF。理想电容为理想器件库(analogLib 库)中的 cap 元件。

对于模式 1,$V_{refn} = V_{refp} = V_{CM}$,其电路如图 3.22 所示。其中直流信号源为理想器件库 analogLib 中的 vdc 元件,输入的正弦信号符号图及参数设置如图 3.23 所示。为了得到差分输入和差分输出的结果,方便计算闭环增益,先用理想器件库 analogLib 中的 vcvs 元件,其符号图如图 3.24(a)所示,将两个输入信号和两个输出信号分别接入 vcvs,根据 Vinppdiff = eagin(VIN−VIP)("+"号处接 VIN,"−"号处接 VIP,上方接 Vinppdiff,下方接 AGND),Voutppdiff = eagin(VOP−VON),因此将 vcvs 电压增益参数 eagin 设置为 1,

VCVS 的参数设置如图 3.24(b)所示,则 Vinppdiff 表示为差分输入信号,Voutppdiff 表示为差分输出信号。三种工作模式的 Voutppdiff 设置相同。

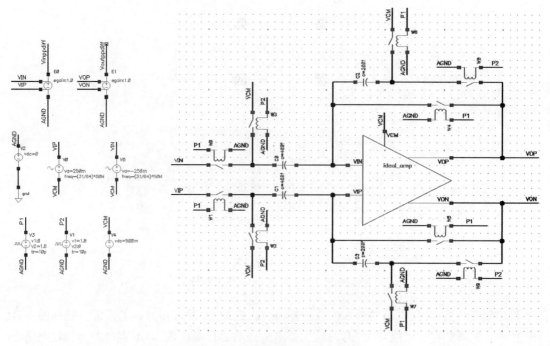

图 3.22 理想器件搭建的模式 1 电路

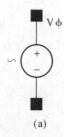

(a)

(b)

图 3.23 正弦信号源符号图及 VIP、VIN 端口参数设置

第 3 章 理想器件下的电路实现

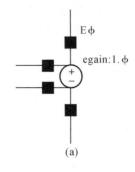

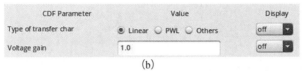

图 3.24　vcvs 符号图及参数设置

电路图中的 ideal_amp 为自己搭建的理想运算放大器。完成电路搭建后需要对电路进行保存(点击左上角的 ，Check and Save)，之后对电路进行仿真。

打开 ADE 仿真器："Launch"→"ADE L"，对应图 3.25 中第 1 步。

设置瞬态仿真："Analyses"→"Choose"→"tran"，Stop Time 暂定为 1.5u，Accuracy Defaults(errpreset)选为"conservative"，点击"Options"设置 minstep 为 10p 并点击"OK"，对应图 3.25 中第 2~7 步。

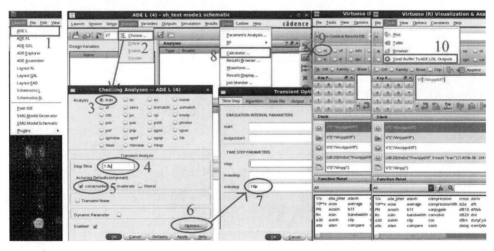

图 3.25　仿真设置示意图

选择想要查看的波形(以添加 Vinppdiff 为例)：点击"Tools"→"Calculator"→"vt"，对应图 3.25 中第 8、9 步，接着在仿真电路图中点击 Vinppdiff 的信号线，之后在 calculator 中点击"Tools"→"Send Buffer To ADE L/XL Outputs"并关闭 calculator 工具栏，对应图 3.25 中第 10 步。本次仿真需要添加 Vinppdiff 和 Voutppdiff 两个信号的波形。

进行仿真:"Simulation"→"Netlist and Run"。待仿真完成后就会出现已添加进仿真器的波形图了。理想器件模式 1 差分输入、差分输出波形如图 3.26 所示。

测量电路精度:选择输出波形的一处波峰进行测量,电路精度测量波形如图 3.27 所示,可算出该电路的精度为 $-\log_2\dfrac{\left|2-\dfrac{999.67}{499.4}\right|}{2}=10.165$,达到 10 位精度的要求。

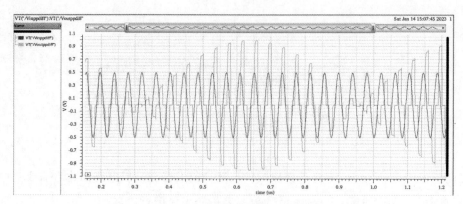

图 3.26　理想器件模式 1 波形

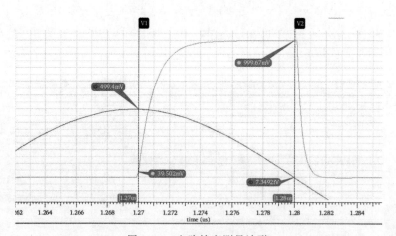

图 3.27　电路精度测量波形

测量电路 THD 值:在波形图界面选中差分输出波形后点击"Measurements"→"Spectrum",对应图 3.28(a)中的 1、2 步,按图 3.28(b)进行设置后点击"Plot"即可在 Outputs 栏查看电路的 THD 值,可以看出理想器件下模式 1 的 THD 值为 -94.74 dB。

对于模式 2,它相对于模式 1 来说输入信号发生了变化,其电路图如图 3.29 所示。其中一端输入信号变成了共模电压 V_{CM},而另一端输入信号的幅值变为了 500 mV,其信号源设置如图 3.30 所示。因此其输入的差分信号因由模式 1 的 Vinppdiff=eagin(VIN－VIP)变为 Vinpp=eagin(VIN－VCM)以方便查看输入的全差分信号。模式 2 输入、输出波形与模式 1 相似,如图 3.31 所示,模式 2 的电路精度和 THD 值的测量方法与模式 1 的相同,因

第 3 章 理想器件下的电路实现

此可以测量并计算出模式 2 的电路精度为 $-\log_2\dfrac{\left|2-\dfrac{999.64}{499.62}\right|}{2}=11.2866$,达到 11 位精度,THD 值为 $-93.96\ \text{dB}$。

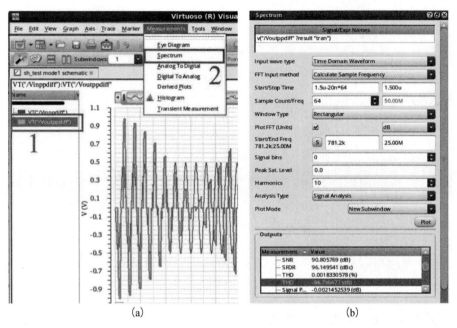

图 3.28　测量 THD 值

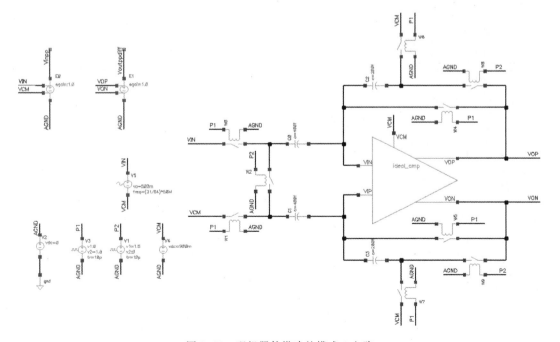

图 3.29　理想器件搭建的模式 2 电路

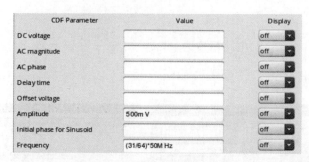

图 3.30 模式 2 输入信号设置

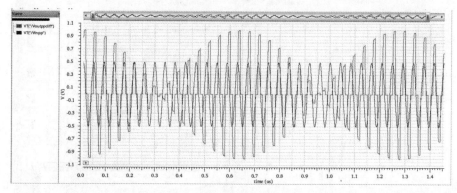

图 3.31 理想器件模式 2 波形

对于模式 3,它相对于模式 2 来说,仅两个参考电压和输入电平发生了变化,分别由 V_{CM} 变为 0 V 的低电平(AGND)和 1.8 V 的高电平(AVDD),输入电平由 V_{CM} 变为 AGND,其电路如图 3.32 所示。

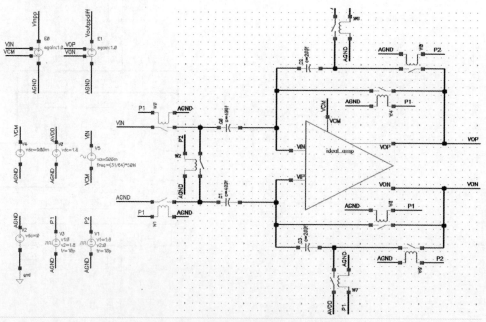

图 3.32 理想器件搭建的模式 3 电路

其输入、输出波形如图 3.33 所示。模式 3 的电路精度和 THD 值的测量方法也与模式 1 的相同,因此可以测量并计算出模式 3 的电路精度为 $-\log_2 \dfrac{\left|2-\dfrac{999.64}{499.4}\right|}{2}=10.215\,6$,达到 10 位精度的要求,THD 值为 -92.20 dB。

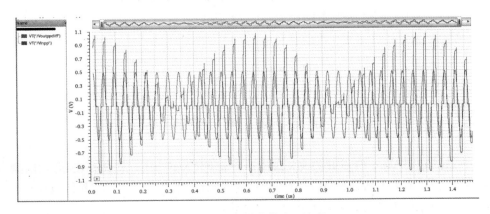

图 3.33　理想器件模式 3 波形

第 4 章　MOS 器件的引入

4.1　逐步替换

第 3 章提到用 MOS 管做开关代替理想原件，但引入的 MOS 管会存在噪声，这是一个任何电路都回避不了的问题。MOS 管作为非线性元件，当处于不同的工作区域时其噪声也不同。噪声的存在使得电路无法区分出电平足够低的有效信号，因此限制了电路的灵敏度。这个问题在 ADC 和其中的比较器单元中尤为显著。引入 MOS 管的会存在寄生电容，对其构成的电路的高频特性、工作速度与带宽有显著影响，由此会产生电路稳定性变差、频率特性变差的一系列问题。引入 MOS 管的同时会带来功耗、驱动电压、导通电阻、工作区域等一系列信号相关信息，一旦引入了 MOS 器件，会导致这些非理想行为的每个机制对整个电路的精度、THD 值、增益、线性度有一定的影响。因此选择逐步替换，先采用单独 MOS 开关和理想运放得到结果，再替换为真实的开关以及真实的运放比较结果，在搭建运放时还会涉及偏置、共模负反馈，若得到的结果符合设计要求且能得到对应的正确波形，则把所有的理想器件替换为真实器件。

4.2　MOS 管简介

4.2.1　原理及类型

MOS 管是场效应管（Field-Effect Transistor，FET）的一种，可以被制造成增强型或耗尽型、P 沟道或 N 沟道共 4 种类型，但实际应用的只有增强型的 N 沟道 MOS 管和增强型的 P 沟道 MOS 管（符号图如图 4.1 所示，在 Cadence 中用到的 MOS 管如图 4.2 所示），所谓增强型是指当 $V_{GS}=0$ 时管子呈截止状态，加上正确的 V_{GS} 后，多数载流子被吸引到栅极，从而"增强"了该区域的载流子，形成导电沟道。因此通常提到的 NMOS 或者 PMOS 指的就是这两种。对于这两种增强型 MOS 管，比较常用的是 NMOS，原因是 NMOS 的导通电阻小，且容易制造。下面的介绍中，以增强型 NMOS 为主。

N 沟道增强型 MOS 基本上是一种左右对称的结构，它在 P 型半导体上生成一层二氧化硅（SiO_2）薄膜绝缘层，然后用光刻工艺扩散两个高掺杂的 N 型区，从 N 型区引出电极，一个是漏极（Drain，D），一个是源极（Source，S）。在源极和漏极之间的绝缘层上镀一层金属铝作为栅极(Gate,G)。

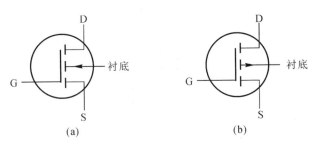

图 4.1 增强型 MOS 管
(a)N 沟道增强型；(b)P 沟道增强型

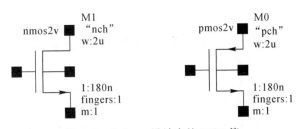

图 4.2 Cadence 设计中的 MOS 管

当 $V_{GS}=0$ V 时，漏源之间相当于两个背靠背的二极管，即使在源极、漏极之间加上电压也总有一个不会导通，因此源极、漏极之间不会形成电流。当栅极(G)加有一个可变电压 V_G，漏极(D)和源极(S)之间加入一个固定的电压($V_{DS}>0$)，当 V_G 从零开始逐渐增大时，栅极和硅衬底之间的 SiO_2 绝缘层中产生一个栅极指向 P 型硅衬底的电场，由于氧化物层是绝缘的，栅极所加电压 V_{GS} 无法形成电流，氧化物层的两边就形成了一个电容，通过栅极和衬底间形成的电容电场作用，将靠近栅极下方的 P 型半导体中的空穴向下排斥，出现了一薄层负离子的耗尽层，但由于吸引到表层的少子数量不够，不足以形成导电沟道将漏极和源极导通，所以仍然不足以形成漏极电流 I_D。当 V_G 电位足够高时，电子便从源端流向漏端。这时，源端和漏端之间的栅氧化层形成了载流子"沟道"，同时晶体管"导通"。此时，形成沟道所对应的 V_G 称为"阈值电压"，记为 V_{TH}。继续增加 V_{GS}，当 $V_{GS}>V_{TH}$ 时，由于此时的栅极电压已经比较强，因此在靠近栅极下方的 P 型半导体表层中聚集较多的电子，将漏极和源极导通，就可以形成漏极电流 I_D。在栅极下方形成的导电沟道中的电子，因与 P 型半导体的载流子空穴极性相反，故称为反型层。随着 V_{GS} 的继续增大，I_D 将不断增大。当 $V_{GS}=0$ V 时，$I_D=0$，只有在 $V_{GS}>V_{TH}$ 且 $V_{DS}>0$ 后才会出现漏极电流，所以这种 MOS 管称为增强型 MOS 管。栅源电压 V_{GS} 对漏极电流 I_D 的控制是 MOS 管的一个重要特点。

4.2.2 工作区域

1. 截止区

当 $V_{GS} \leqslant V_{TH}$ 时，MOS 管导电沟道被夹断不导通，此时 $I_D \approx 0$。

2. 饱和区

当 $V_{GS} > V_{TH}$，$V_{DS} > V_{GS} - V_{TH}$ 时，MOS 管进入饱和区(也称恒流区)，在此工作区内，V_{DS} 增大时，I_D 仅略微增大，因此可将 I_D 看作是受 V_{GS} 控制的电流源，当 MOS 管作为放大管使用时，应使 MOS 管在此区域工作。在该工作区域的电流公式为

$$I_D = \frac{1}{2}\mu \cdot C_{ox} \cdot \frac{W}{L'}(V_{GS} - V_{TH})^2 \qquad (4.1)$$

其中，μ 为载液子迁移率，C_{ox} 是单位面积的栅氧化层电容，这两个参数通常与工艺有关，W 是 MOS 管的栅宽，L' 是到夹断点的长度，通常设计者通过修改 W 和 L' 使得电路满足设计指标。

3. 线性区

当 $V_{GS} > V_{TH}$，$V_{DS} < V_{GS} - V_{TH}$ 时，MOS 在线性区工作，在此区域，可通过改变 V_{GS} 的大小来改变 MOS 的导通电阻大小，漏电流公式为

$$I_D = \mu C_{ox} \cdot \frac{W}{L}\left[(V_{GS} - V_{TH})V_{DS} - \frac{1}{2}V_{DS}^2\right] \qquad (4.2)$$

当 $V_{DS} < 2(V_{GS} - V_{TH})$ 时，式(4.2)中的二次方项远小于前一项，因此可忽略。此时的 MOS 管特性接近纯线性，I_D 跟随 V_{DS} 线性变化，因此可视为一个电阻。这个区域叫作深三极管区。当把 MOS 当作开关使用时，一般想让其在这一区域工作，因此需要使漏源电压尽可能小，这可以通过改变过驱动电压 $V_{on} = V_{GS} - V_{TH}$ 来改变等效电阻的阻值。

4. 关于 MOS 管的夹断

当 V_{GS} 为一固定值时，若在源极、漏极之间加一正向电压，则必将产生漏极电流，并且 V_{DS} 增大会使 I_D 增大，沟道沿源极、漏极方向变窄，并当 $V_{DS} = V_{GS} - V_{TH}$ 时，出现预夹断，随着 V_{DS} 继续增大，MOS 将承担管子的压降，但漏极电流基本不变，管子进入恒流区。

4.3 开关电路

4.3.1 信号相关概念

前面介绍了 MOS 管的工作原理，一般在采样保持电路中利用其导通特性来做开关，但是它也存在很多非理想的因素，比如 MOS 开关的导通电阻虽然很低，但是不为零，而且 MOS 开关的导通电阻和输入信号的大小有关，是非线性的。当采样保持电路由采样相过度到保持相时，就会发生时钟馈通、电荷注入等，而且 MOS 开关还会引入热噪声等。这些误差如果与输入信号的大小或频率有关，就会造成信号的相关误差，导致信号采样失真、精度和线性度皆降低，所以在电路设计中应尽量避免信号的相关影响。

4.3.2 电荷注入(Charge Injection)

在图 4.3 中，当开关关闭时，电荷 Q_{ch} 通过源极和漏极端流出，对电路产生一定的影响，这种现象称为"电荷注入效应"。注入左边的电荷被输入信号源毫无误差地吸收，注入右边的电荷则沉积在 C_H 上，使得存储在采样电容上的电压值有误差。

$$Q_{ch} = WLC_{ox}(V_{DD} - V_{in} - V_{TH}) \qquad (4.3)$$

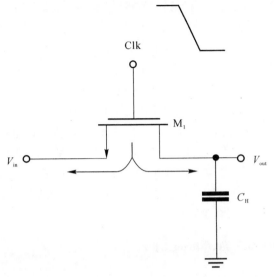

图 4.3　沟道电荷注入

4.3.3　下极板采样(Bottom‑plate Sampling)

下极板采样是一种通过时序控制寄生电容的有效方法。利用开关的定时控制来取消电容器底板产生的电荷注入。它的工作时序如图 4.4 所示。

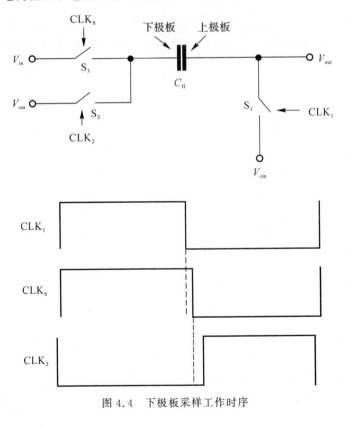

图 4.4　下极板采样工作时序

输入信号通过开关 S_3 传递到采样电容 C_H 的下极板,而此时在采样电容 C_H 的上极板通过开关 S_1 接到 V_{CM},若此时开关 S_1 的控制信号 CLK_1 从高电平变为低电平,此时从 V_{in} 来的信号由于没有回路,换言之,因为 CH 的上极板节点为高阻抗,V_{in} 无法对 C_H 充放电,所以输入信号的采样值确定在 S_1 开关断开时。当 CLK_S 为高电平,CLK_1 也为高电平的阶段时,电容的上极板电压为 V_{CM},电容的下极板电压为 V_{in},这时电容两端的电荷为 $Q_1=(V_{CM}-V_{in})C_H$,Q_1 的电荷量锁定在 CLK_1 下降沿时刻。当 CLK_2 为高电平时,设电容上极板的电压为 V_x,又因为电容下极板的电压为 V_{CM},电荷为 $Q_2=(V_x-V_{CM})C_H$,根据电荷守恒 $Q_1=Q_2$,可得出 $V_x=2V_{CM}-V_{in}$,通常在设置 V_{in} 时加入了 V_{CM} 共模电压(保证电路能够正常工作),即 $V_{in}=V_{CM}+V_i$,所以 $V_x=V_{CM}-V_i$。其中在 CLK_1 的下降沿瞬间,开关 S_1 会引起电荷注入和时钟馈通的误差,但是这个误差基本是与输入信号无关的,不会引入对于信号的非线性影响。所以下极板采样相较于上极板采样的精度高。

4.3.4 时钟馈通(Clock Feedthrough)

在 MOS 开关中,MOS 管栅极的时钟电压的变化可以通过栅极与源漏区的交叠电容(C_{ov})耦合到源漏端,从而影响该端的电压,这种现象被称为时钟馈通效应,如图 4.5 所示。假设重叠电容固定,当输入时钟从 V_{CLK} 跳变到 0 时,通过交叠电容时输出电压发生变化,则误差可表示为

$$\Delta V = V_{CLK} \frac{WC_{OV}}{WC_{OV}+C_H} \tag{4.4}$$

由式(4.4)可以看出,增大 MOS 管的宽度(W)使得寄生电容增大,从而增大误差。另外增大负载电容可以减小误差。该误差会影响系统的速度和精度,其与输入电压无关,在输入输出特性中表现为固定的失调。

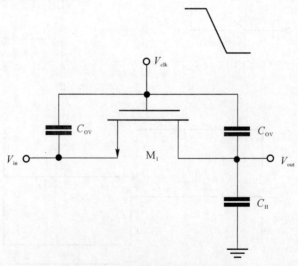

图 4.5 采样电路中的时钟馈通

为消除时钟馈通效应,可将开关的尺寸减小(选择接近特征尺寸的 W、L,牺牲导通电阻),并且在该电路中加一个器件 M_2,如图 4.6 所示。在电路中,M_2 并没有起实质作用(如

开关功能),仅用于消除时钟馈通效应。控制 M_2 的时钟与 M_1 相反,当时钟变化时,对于负载电容 C_H 上电压的影响是相反的。只要合理设计 M_1 和 M_2 的宽长比,就可以有效地抵消时钟馈通对输出电压的影响。

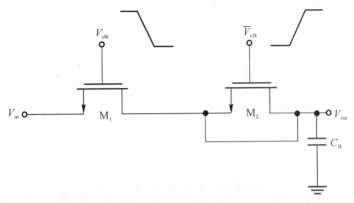

图 4.6　增加 MOS 管消除时钟馈通效应

4.3.5　噪声

4.3.5.1　热噪声

如图 4.7 所示,热噪声是最常见也是最基本的噪声,是由电子的随机热运动引起的,因为电子的热运动速率远远大于电子的漂移速率,所以它与导体中是否有电流无关,只与温度有关。

其单边谱密度为:$S_v(f)=4kTR$,其中 $f \geqslant 0$,$k=1.38\times10^{-23}$ J/K(玻尔兹曼常数),也可写为:$\overline{V_n^2}=4kTR$。

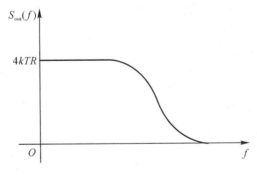

图 4.7　电阻的热噪声

4.3.5.2　KT/C 噪声

当电阻和电容组成电阻-电容(Resistor - Capacitor,RC)电路网络时,由于 RC 网络的频率特性,电阻热噪声会被 RC 网络整形,不再是白噪声,图 4.8(a)所示的实际 RC 网络可以等效成图 4.8(b)所示的理想噪声电路。该网络的传输函数为

$$H(s)=\frac{V_{out}(s)}{V_{in}(s)}=\frac{1}{1+RCs}$$

其输出 $S_{\text{out}}(f) = S_{\text{in}}(f) \mid H(2\pi i f) \mid^2 = \dfrac{4kTR}{1+4\pi^2 R^2 C^2 f^2}$，因此该网络的输出功率谱密度为 $\overline{V_{n,\text{out}}^2} = \int_0^\infty \dfrac{4kTR}{1+4\pi^2 R^2 C^2 f^2} \mathrm{d}f = \dfrac{2kT}{\pi C}\arctan(f)\Big|_{f=0}^{f=\infty} = \dfrac{k}{TC}$。

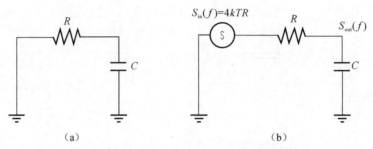

图 4.8 RC 网络电阻热噪声等效图

4.3.5.3 闪烁噪声

MOS 晶体管存在一种现象：该器件的栅极氧化物与硅基片的衬底之间，会有许多"悬空"的键合，从而形成更多的能量。每次载流子穿过该界面时，有一些载流子就会被随机捕获，而后载流子又被这些能态释放，从而形成了"闪烁"噪声。除了俘获机制，另外有一部分学者发现闪烁噪声还可以由载流子在迁移率沟道中扰动生成，要建立数学模型计算闪烁噪声的平均功率很不容易。一般是根据其与栅极串联的电压源电路等效数学模型计算，近似表达式为

$$\overline{V_n^2} = \dfrac{K}{C_{ox}WL} \cdot \dfrac{1}{f} \tag{4.5}$$

式中：K 是一个与工艺密切相关的常数，数量级一般是 10^{-25} V^2F。从式(4.5)可以推断出，对于给定尺寸和工艺的管子，噪声功率谱密度与频率成反比，载流子与悬挂键之间发生的捕获行为通常在低频下更容易发生，因此，闪烁噪声也被称为噪声。在频率一定的条件下，闪烁噪声功率谱密度与芯片面积成反比，可以通过增大器件的面积来削弱噪声。

4.3.6 CMOS 互补开关

如图 4.9 所示，NMOS 中的电子与 PMOS 中的空穴相互抵消，可以减小电荷注入的影响，而且能够减小时钟馈通的影响，但是由于 NMOS 的栅漏电容与 PMOS 的栅漏电容不等，因此不能完全消除。

对于 CMOS 互补开关，其导通电阻公式为

$$R_{\text{on,eq}} = \dfrac{1}{\mu_n C_{ox}\left(\dfrac{W}{L}\right)_N (V_{DD}-V_{THN}) - \left[\mu_n C_{ox}\left(\dfrac{W}{L}\right)_N - \mu_p C_{ox}\left(\dfrac{W}{L}\right)_P\right] V_{in} - \mu_p C_{ox}\left(\dfrac{W}{L}\right)_P \mid V_{THP}\mid}$$

若要使导通电阻不受输入信号的影响，则需满足 $\mu_n C_{ox}\left(\dfrac{W}{L}\right)_N = \mu_p C_{ox}\left(\dfrac{W}{L}\right)_P$。

如图 4.10 所示，NMOS 开关在输入信号很小的正电压时，导通电阻明显减小。PMOS

第 4 章 MOS 器件的引入

开关则在输入信号为很大的正电压时,导通电阻变小。互补开关由 PMOS 和 NMOS 晶体管并联,主要的优点有:导通电阻变化很小,减小了信号相关的影响;导通电阻更小,使得开关电容电路的 RC 常数更小,缩短采样和保持时间;可以抵消一部分的电荷注入和时钟馈通效应,但是在进行瞬态仿真时,采样到的电压与理想值仍有一定的差别。对于高速输入信号,为了避免采样值的不确定性,NMOS 和 PMOS 的开关需同时断开。如果 NMOS 器件比 PMOS 器件早断开 $\triangle t$ 秒,那么输出电压以较大的、与输入有关的时间常数跟踪输入电压 $\triangle t$ 秒,会产生信号相关的误差,这种影响会加剧采样值的失真。

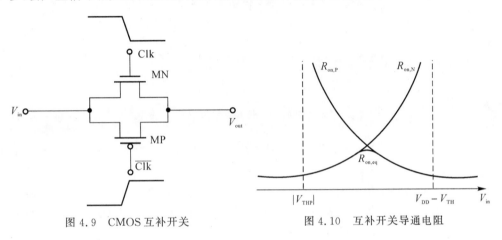

图 4.9 CMOS 互补开关　　　图 4.10 互补开关导通电阻

对 CMOS 互补开关导通电阻进行仿真,其仿真电路如图 4.11 所示,PMOS 晶体管的衬底连接到电源电压 AVDD,NMOS 的衬底接地。AGND 将输入的直流信号 vdc 设置为 x,将 NMOS 的沟道宽度设置为 w,将 PMOS 的沟道宽度设置为 $w*na$,打开 ADE L 仿真器进行仿真。在 ADE L 仿真界面点击"Variables"→"Copy From Cellview"并在 Design Variables 中将 x 设为 900 m,将 w 和 na 设为合理值(对应图 4.12 中的 1、2 步)。添加 dc 仿真,其仿真设置如图 4.12 所示。

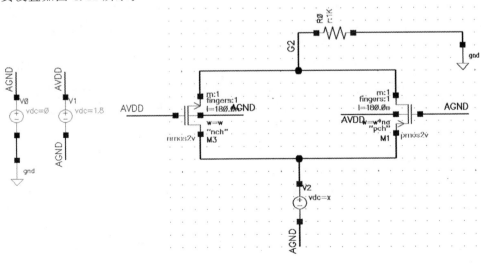

图 4.11 互补开关导通电阻仿真

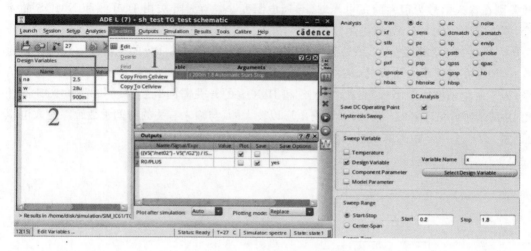

图 4.12 仿真器设置

添加互补开关导通电阻波形图：在仿真器中点击"Tools"→"Calculator"，在 Calculator 界面（见图 4.13）进行以下操作：

（1）点击"vs"后点击仿真电路图中 v2 上方的节点，然后自动回到 Calculator 界面；
（2）点击"vs"后点击仿真电路图中 G2 下方的节点，然后自动回到 Calculator 界面；
（3）点击 Calculator 界面的"—"号；
（4）点击"is"后再点击仿真电路图中与 G2 相连的电阻节点，然后自动回到 Calculator 界面；
（5）点击 Calculator 界面的"/"；
（6）将函数发送到 ADE 界面。

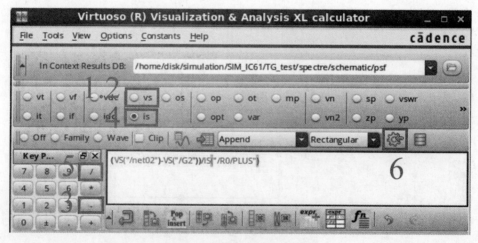

图 4.13 添加波形函数步骤

待仿真完成后即可看到如图 4.14 所示的波形，通过调节设置的变量值进行反复仿真即可看出不同宽度下的导通电阻值。

第 4 章　MOS 器件的引入

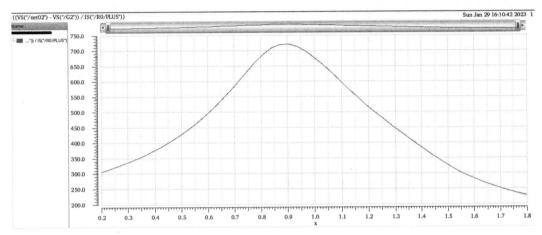

图 4.14　互补开关导通电阻波形

4.3.7　栅压自举开关

栅压自举开关的设计与仿真是为了降低 MOS 开关导通电阻的非线性,仿真设计中常常采用栅压自举技术(bootstrap)结构,这样可以提高输入开关的线性度,减少失真。在具体的应用电路中,这种电路一般用在整个 ADC 的最前端,目的是减少输入信号进入前端采样保持电路时由开关电阻的变化引入的失真。

如图 4.15 所示,通过让 MOS 管的 $Vgs=V_{DD}$,使每一次采样结束后的电荷注入恒定,造成与输入信号无关的固定误差,最后可以通过全差分的结构来消除电荷注入的影响。其导通电阻为

$$R_{on}=\frac{1}{\mu_n C_{ox} \dfrac{W}{L}(V_{DD}-V_{TH})}$$

栅压自举开关工作的原理:当开关导通时,开关的栅源电压恒定,从而提高导通阻抗在输入范围内的平坦性,降低采样开关的谐波失真。栅压自举开关工作原理如图 4.16 所示。当 CLK=0,$\overline{\text{CLK}}$=1 时,开关 NMOS 管截止,电容 C 充电至 V_{DD};当 CLK=1,$\overline{\text{CLK}}$=0 时,电容 C 两端分别接入 NMOS 管的栅端和源端,开关 NMOS 管导通,并且其栅源电压满足 $Vgs=V_{DD}$。其电路原理如图 4.17 所示。

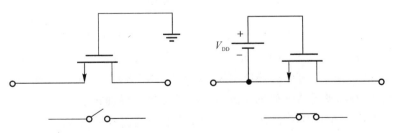

图 4.15　栅压自举开关原理

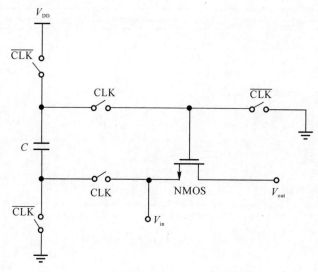

图 4.16　栅压自举开关工作原理

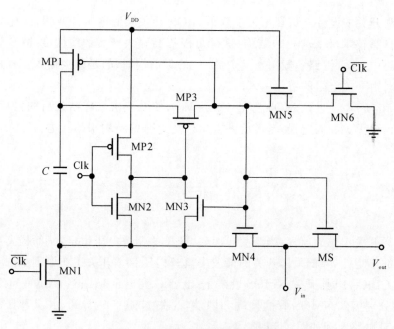

图 4.17　栅压自举开关电路原理

当 CLK=0，$\overline{\text{CLK}}$=1 时，MN1、MN5、MN6、MP1、MP2 导通，MN2、MN3、MN4、MP3、MS 截止，V_{DD} 对电容 C 进行充电，开关处于关断状态；当 CLK=1，$\overline{\text{CLK}}$=0 时，MN2、MN3、MN4、MN5、MP3、MS 导通，MN1、MN6、MP1、MP2 截止，电容 C 两端分别接到开关管 MS 的栅端和源端，使得 MS 管的 $V_{gs}=V_{DD}$，开关处于导通状态。

栅压自举电路仿真电路图如图 4.18 所示，其中测试信号中的 V_{CM} 为 900 m 伏特的共模电压，信号源为 vdc，时钟信号 P_1 为 vpulse，输入信号 V_{in} 为 vsin，它们的信号参数均与理

第 4 章 MOS 器件的引入

想器件下的模式 1 的信号参数相同,器件 NOT 为封装的一个反相器,因此 P1N 为时钟信号 P_1 的反相信号。为了方便观察开关晶体管的 V_{gs},同样采用理想器件 vcvs 将信号进行整合。为了方便电路调试,将开关管的晶体管宽度设置为 K,其余的 NMOS 管的宽度设置为 WN,所有 PMOS 管的宽度设置为 WP,仿真时通过不断调节这三个参数使得该栅压自举电路能够实现自举功能。各个 MOS 管的尺寸见表 4.1。

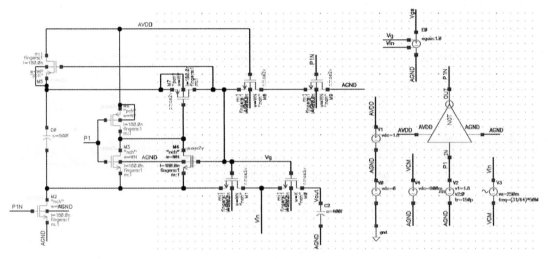

图 4.18 栅压自举电路仿真电路图

表 4.1 栅压自举电路中 MOS 管宽长比

MOS 管编号	宽长比(W/L)
MS	K/180n[①]
MP1	WP/180n
MP2	WP/180n
MP3	WP/180n
MN1	WN/180n
MN2	WN/180n
MN3	WN/180n
MN4	WN/180n
MN5	WN/180n
MN6	WN/180n

① n:10^{-9},在 180 nm 工艺中,最小沟通长度为 $L=180$ nm。表 4.1 说明了 EDA 工具在设置 MOS 管的宽长比时输入的数值。

通过 ADE L 仿真器进行仿真,其仿真参数设置如图 4.19 所示,需要添加的波形有 V_{in}、V_{out} 以及 V_{gs}。完成仿真参数设置后进行仿真,其仿真波形如图 4.20 所示,从图 4.20(b)可以看出,当该栅压自举电路导通时,输出电压随输入电压的变化而变化,该栅压自举电路关断时,输出电压不再随输入电压的变化而变化,因此,该栅压自举电路实现了自举功能。

完成栅压自举电路仿真后,需要新搭建一个栅压自举电路的电路原理图并且进行封装,以便于在后续电路中使用,封装时也同样可以将电路中晶体管的宽度设置为变量,这样可以方便在整体电路中对该器件进行微调。

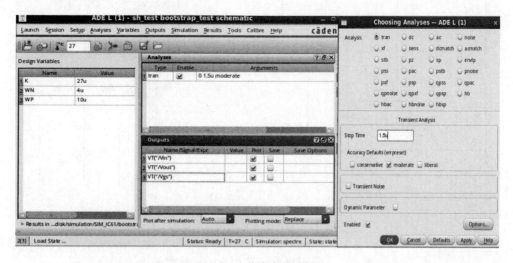

图 4.19　仿真参数设置

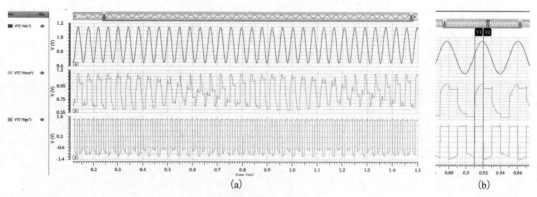

图 4.20　仿真波形

第5章 运算放大器的设计

5.1 两级运算放大器及偏置电路搭建与仿真

信号的共模电压为 $0.5V_{DD}$ 左右,综合各方面因素考虑,选择 P 型管作为运算放大器(简称"运放")的输入管,两级运算放大器电路如图 5.1 所示,其中第一级为 P 型输入的全差分折叠式共源共栅型运算放大器,第二级采用共源共栅结构,电阻 R 和电容 C 分别为密勒补偿中的调零电阻和密勒电容。偏置电路采用宽摆幅电流镜(见图 5.2),更为精准地为运放提供静态工作点。

采用 gm/id 的方法确定运放中晶体管的沟道长度和宽度,类似于 look-up table 的方法,该方法适用于短沟道模型,将大量通过实际仿真得到的数据保存起来,这些数据都非常精确,避免了手工计算因忽略大量调制因素而导致越来越大的设计误差。

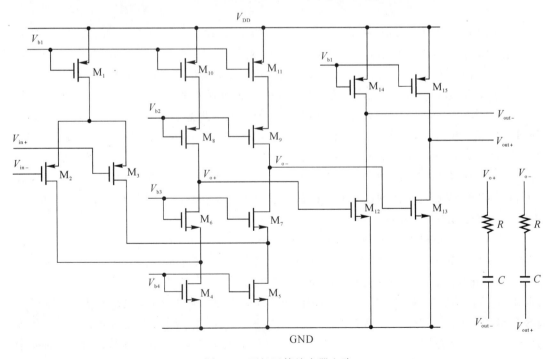

图 5.1 两级运算放大器电路

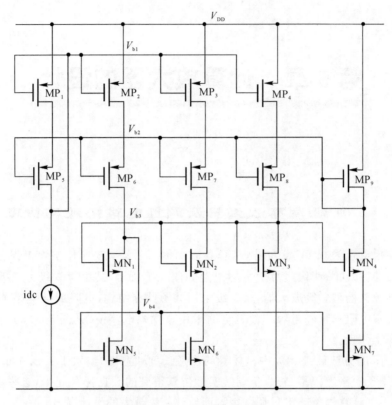

图 5.2 宽摆幅电流镜

在使用 gm/id 方法之前,需要对晶体管进行仿真,并绘制 gm/id 相关的波形:ft(特征频率)−gm/id、gmro(本征增益)−gm/id、id/W(电流密度)−gm/id、ft*gm/id−gm/id。其中 ft=gm(cgg*2*3.14)=gm(cgg*6.28)、gmro=gm/gds、id/W=id/VAR("W")。

NMOS 的 gm/id 曲线绘制:搭建如图 5.3 所示的仿真电路[图 5.3(a)为 NMOS 的仿真图,图 5.3(b)为 PMOS 仿真图],其中两个信号源分别为理想直流源 vdc,其直流电压参数分别设为 V_{gs} 和 V_{ds},NMOS 为工艺库中的 nmos2v(PMOS 的为 pmos2v),其长度设为 L,宽度设为 W,Multiplier 设为 M(晶体管的并联个数)。

打开仿真器 ADE L;添加变量"Variables"→"Copy From Cellview";添加 dc 仿真,选择"Analyses"→"Choose",按图 5.4 所示设置变量值和仿真参数。设置完成后进行一次仿真,单击"Simulation"→"Netlist and Run"。

待仿真结束后添加 gm/id 相关波形:单击"Tools"→"Calculator",点击"OS"后再点击电路原理图中的"NMOS",在任务栏中打开 OS 窗口,如图 5.5 左图所示,点击"List"后选择相关参数:以 ft*gm/id−gm/id 图像为例,在 OS 窗口中选择"gm",接着继续选择"cgg",之后点击 calculator 界面中的"/"(对应图 5.5 右图中的第 1 步),此时函数表达式为 OS("/M0","gm")/OS("/M0","cgg")。将表达式改为 OS("/M0","gm")/(OS("/M0","cgg")*6.28),其代表为 ft,其中所有字符均为键盘输入(对应图 5.5 右图中的第 2 步)。将该表达式存入 Stack 中(对应图 5.5 右图中的第 3 步)。删除输入框中的表达式后再在 OS 窗口中选择 gmoverid(代表

第 5 章 运算放大器的设计

gm/id)并存入 Stack 中。删除输入框中的表达式后在 Stack 中双击表达式"OS"("/M0", "gm")/(OS("/M0","cgg") * 6.28)(对应图 5.5 右图中的第 4 步),接着双击表达式 OS ("/M0","gmoverid")后点击 calculator 界面中的" * "(对应图 5.5 右图中的第 5 步),最后将表达式存入 Stack 中;在 Function Panel 中搜索 WaveVsWave 函数(对应图 5.5 右图中的第 6 步);在 WaveVsWave 函数中将 gm/id 选为 x 轴,ft * gm/id 选为 y 轴后点击"OK"(对应图 5.5 右图中的第 7 步),将最终的表达式发送至 ADE 界面(对应图 5.5 右图中的第 8 步)。

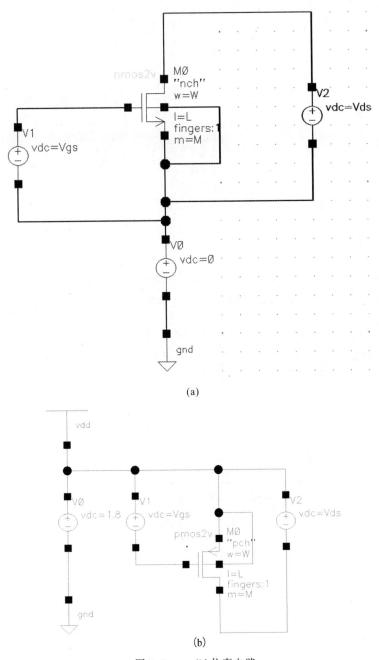

图 5.3 gm/id 仿真电路

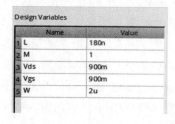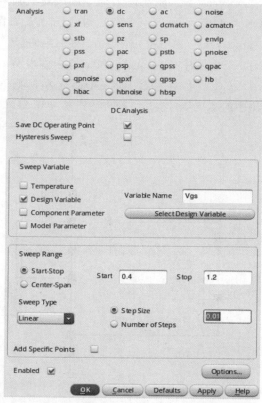

图 5.4 仿真参数设置

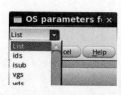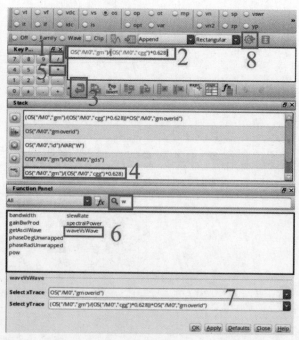

图 5.5 OS 窗口

第 5 章 运算放大器的设计

需要添加 ft-gm/id、gmro-gm/id、id/W-gm/id、ft*gm/id-gm/id 的波形,其中 id/W 的表达式为 OS("/M0","id")/VAR("W"),它的/VAR("W")为键盘手动输入,W 为设置的晶体管宽度变量。变量表达式及其含义见表 5.1。

表 5.1 变量表达式及其含义

变量表达式	含义
(OS("/M0","gm")/(OS("/M0","cgg")*6.28))*OS("/M0","gmoverid")	ft * gm/id
OS("/M0","gmoverid")	gm/id
OS("/M0","id")/VAR("W")	id/W
OS("/M0","gm")/OS("/M0","gds")	gmro
OS("/M0","gm")/(OS("/M0","cgg")*6.28)	ft

在仿真器 ADE L 界面中的"Outputs"→"set up"栏中双击表达式后,在 Name 框中输入对应的波形名称并点击"OK"确定修改,如图 5.6 所示。

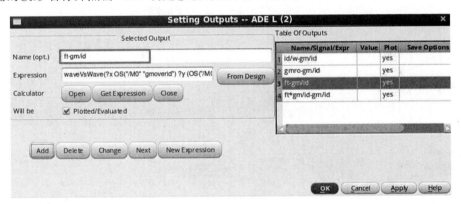

图 5.6 波形命名

在仿真器中扫描晶体管不同长度下对应的波形:参数扫描分析"Tools"→"Parametric Analysis",图 5.7 所示为设置参数扫描晶体管的长度,从 180n 按照 0.2u 的步长扫描到 2u。点击图 5.7 所示方框内的按钮进行仿真。

图 5.7 晶体管长度扫描

保存仿真参数,以方便后续得到改变晶体管参数后的仿真波形(见图 5.8 中 NMOS 的 gm/id 相关波形),在 ADEL 窗口点击"Session"→"Save State"后点击"OK"即可完成保存。

PMOS 的 gm/id 相关波形同样按照上述步骤完成即可。其仿真波形如图 5.9 所示。

完成 NMOS 和 PMOS 的 gm/id 相关波形的仿真后即可对该二级运算放大器进行设计了，值得注意的是 W 值不会改变 gm/id 相关波形，而 M 值的不同会导致 gm/id 的波形发生变化，因此需要根据实际情况扫描不同 M 值的 gm/id 相关波形。

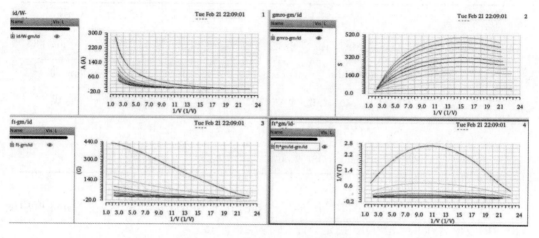

图 5.8 NMOS 的 gm/id 相关波形

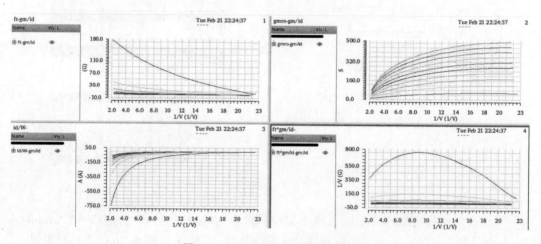

图 5.9 PMOS 的 gm/id 相关波形

gm/id 方法分为以下五个步骤，所有 MOS 管的顺序标号如图 5.10 所示。

(1) 确定输入管晶体管的跨导 gm：只需要求出该运放的输入晶体管的 gm，其大小与运放的指标有关，对于第一级输入管有 $gm_{2,3} = P_{GBW} \times 2\pi \times C_C$，$C_C = 0.3 C_L$，其中 C_L 为该运算放大器的负载电容，因此 $gm_{2,3} = 500 \times 10^6 \times 2\pi \times 0.3 \times 10^{-12} \text{ S} \approx 0.9 \text{ mS}$，取近似为 1 mS 进行后续计算。而对于第二级运算放大器的 gm 则通过经验公式进行计算：$gm_{12,13} = 2\pi C_L \times 1.3 \times 3 P_{GBW} = 2\pi \times 1 \times 10^{-12} \times 1.3 \times 3 \times 500 \times 10^6 \text{ S} = 12.12 \text{ mS}$，取 13 mS 进行后续计算。

(2) 选定晶体管的长度 L：由于该二级运放的最大增益远远满足设计要求，因此对于输入管，可直接将 L 选为最小尺寸 180 nm，而其他负载管的尺寸则可以稍微大一些，本次设计的所有负载管选用的晶体管长度为 380 nm。若运放最后的增益无法达到要求则可以通过适当增大晶体管的长度来提高增益。对于其他结构的运算放大器而言,若无法判断最终增益,则需要通过 gm/id 的 gmro‑gm/id 波形图找出运放所需的本征增益对应的晶体管长度。

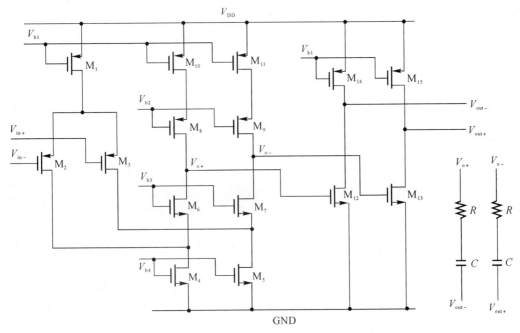

图 5.10 两级运算放大器电路

(3) 选定 gm/id 的值:从 ft‑gm/id、ft*gm/id‑gm/id 以及 gmro‑gm/id 的波形图中可以看出晶体管的特性在 gm/id 为 10 左右时最好,但是当 gm/id 的值小于 10 时,晶体管的频率特性会更好,而大于 10 后晶体管的跨导 gm 会更高,因此作为运放的输入管需要更高的 gm/id 值,本设计中第一级输入管选用 gm/id=10,第二级输入管选用 gm/id=10。对于负载晶体管而言,其 $V_{D,sat}$=150 mV 时效果最好,而当 $V_{D,sat}$=150 mV 时,NMOS 的 gm/id=10.16,PMOS 的 gm/id=10.76。

(4) 计算电流 id:通过以上步骤可得第一输入管(M_2、M_3)的 gm=1 mS,gm/id=13,因此可以求出 $I_{D2,3}=\dfrac{g_{m2,3}}{13}\approx 80\ \mu A$,因此 $I_{D1}=2I_{D2,3}=160\ \mu A$,$I_{D6\sim 11}=I_{D2,3}=80\ \mu A$、$I_{D4,5}=2I_{D2,3}=160\ uA$,第二级输入管($M_{12}$、$M_{13}$)的 gm=13 mS,gm/id=10,因此可以算出 $I_{D12\sim 15}=\dfrac{g_{m12,13}}{10}=1.3\ mA$。

(5) 计算晶体管的宽度 W:晶体管的宽度是由 id/W‑gm/id 曲线计算出来的,通过该曲线找到 gm/id 值所对应的 id/W 值,再由已知的 id 即可求出 W。以 M_2、M_3 为例,M=8 的 PMOS 的 id/W‑gm/id 曲线如图 5.11 所示,L 选 180n,从图 5.11 中最下方的曲线可以看出 gm/id=13 所对应的 id/W=32.5,又已知流过 M_2、M_3 的电流为 80 μA,因此 $W=\dfrac{id}{32.5}\approx 2.47\ \mu A$。按照同样的方法可以求出运放所有的晶体管的宽度 W。

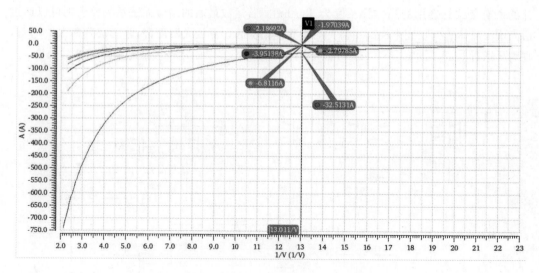

图 5.11 $M=8$ 的 PMOS 的 id/W - gm/id 曲线

完成所有晶体管尺寸的计算后即可进行电路仿真，按照图 5.1 所示电路搭建运算放大器，如图 5.12 所示，运算放大器搭建完成后还需要偏置电路，因此还需要按照图 5.2 所示电路搭建电流镜电路图，如图 5.13 所示，运放和偏置电路中的 PMOS 管的衬底均和源极接在一起，NMOS 管的衬底均接地。在偏置电路中，所有 PMOS 晶体管的尺寸和运放中的 M_{10} 相同，所有 NMOS 晶体管的尺寸和 M_6 相同，直流源 idc 设为计算的电流值 80 μA。

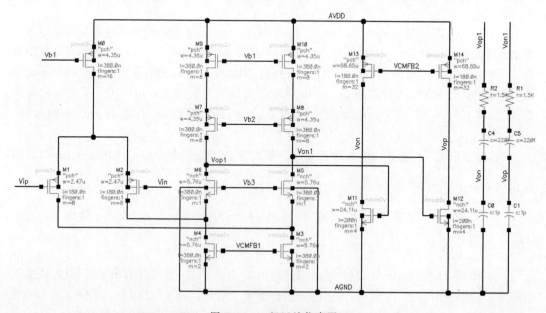

图 5.12 二级运放仿真图

在偏置电路中还需要调节图 5.13 中圈出来的晶体管的长度，使运算放大器的所有晶体管能工作在饱和区，暂时将 PMOS 的长度设为 L_p，NMOS 的长度设为 L_n 以方便后续调试，这两个参数的值只会改变第一级运放的工作状态，因此第一级运算放大器的尺寸将不会改变，其尺寸见表 5.2。

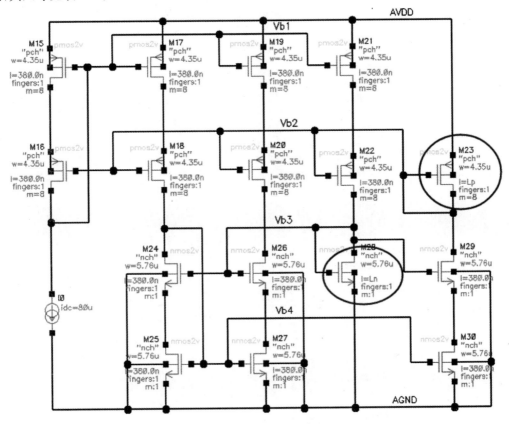

图 5.13　运放偏置电路

表 5.2　第一级运算放大器晶体管尺寸

晶体管	L/nm	$W/\mu m$	M
M_1	380	4.35	16
M_2、M_3	180	2.47	8
M_4、M_5	380	5.76	2
M_6、M_7	380	5.76	1
M_8、M_9、M_{10}、M_{11}	380	4.35	8

打开仿真器 ADE L，将变量 L_p、L_n 添加进仿真器并都设置为 3u，添加 ac 和 dc 仿真，其参数如图 5.14 所示，点击"仿真"，待仿真结束后点击"Results"→"Annotate"→"DC Operating Points"查看晶体管的参数，改变 L_p 的参数，使得运放的第一级输出 Vop1 的直流工作点电压为 900 mV 左右，若已知与 900 mV 有一定差距，则还需微调 L_n 的值，使得第一级输出在 900 mV 左右即完成了运算放大器偏置电路的调节。

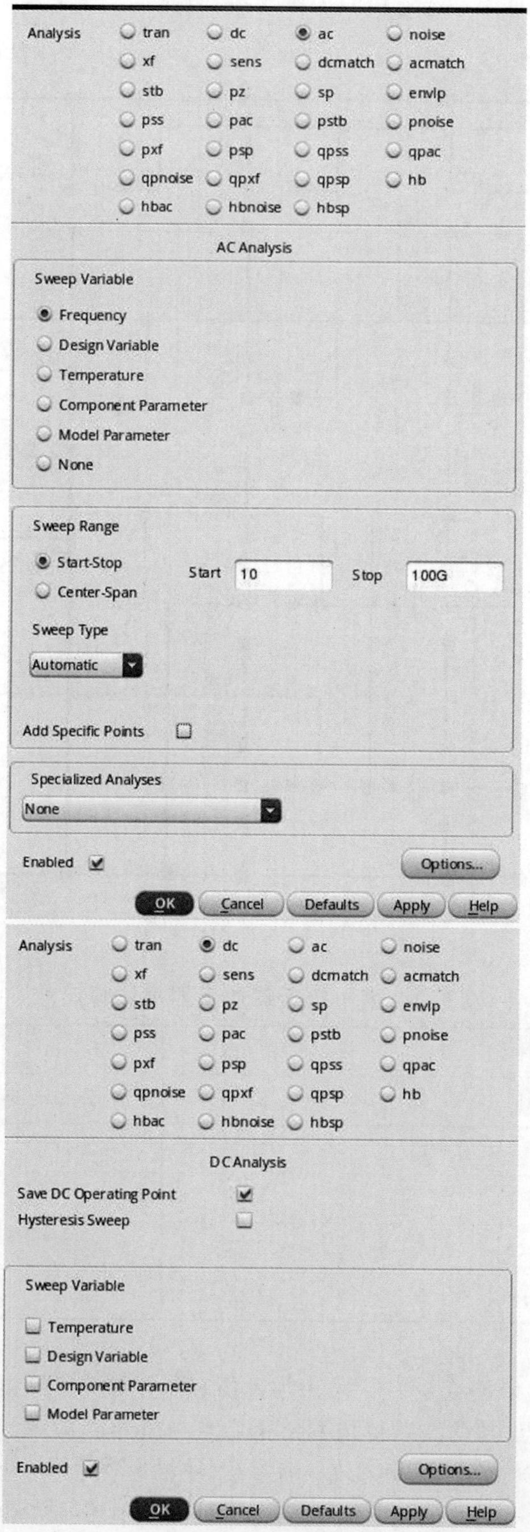

图 5.14 ac、dc 仿真设置

对于第二级运放,由于负载的偏置电压直接用的第一级负载电压 V_{b1},因此需要调节第二级运放的负载晶体管尺寸,使得第二级电路的直流工作输出电压为 900 mV 左右,由于第一级运放原本的 V_{b4} 偏置电压需要一个共模反馈电压,第二级运放的负载偏置电压也需要共模反馈,而反馈后的电压与原本的偏置电压有一定差值,因此添加反馈后的电路偏置还需重新调整。完整运放的调节将在 5.4 节进行介绍。

5.2 共模反馈

本书采用了全差分的电路结构。相比于单端类似电路结构,全差分放大器在提供更大输出摆幅的同时还避免了产生镜像极点,所以可以达到很高的闭环速度,但是差动反馈并不能校正输出的共模电平,而且顶部和底部电流源之间存在随机失配,从而会导致共模电平显著地上升或下降,因此就需要引入共模反馈电路来提供一个稳定的共模电平。

常用的共模反馈主要有两种:

(1)连续时间共模反馈,其电路图如图 5.15 所示。

(2)开关电容共模反馈,其电路图如图 5.16 所示。

运放的输入级对摆幅要求不高,而开关电容共模反馈回路会降低运放内部主极点的位置,从而降低整个运放的 GBW。相比于开关电容共模反馈,连续时间共模反馈不会引入额外的负载,从而不会增大输入级的功耗。因此,输入级一般采用连续时间共模反馈。

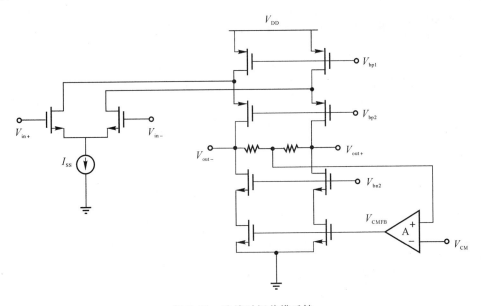

图 5.15 连续时间共模反馈

虽然连续时间共模反馈不会引入额外的负载,但是连续型共模反馈限制了电路的输出摆幅。为了使运放具有尽可能宽的输出摆幅,输出级一般采用开关电容共模反馈。

该运放采用对称开关电容共模反馈电路,电路原理如图 5.16 所示。

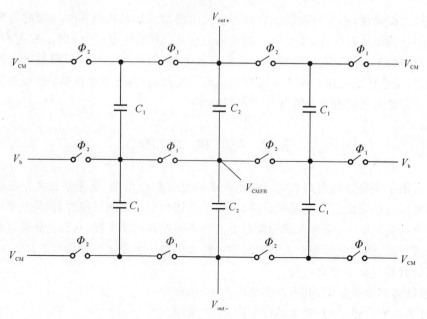

图 5.16 对称开关共模反馈电路原理

其仿真电路如图 5.17 所示,开关选用 CMOS 互补开关,电容 $C_1=200$ fF,$C_2=10$ fF,完成电路搭建后还需对该共模反馈电路进行封装以供后续运放使用,封装过程为:保存好电路后在左上角点击"Create"→"Cellview"→"From Cellview",编辑图形后保存即可。

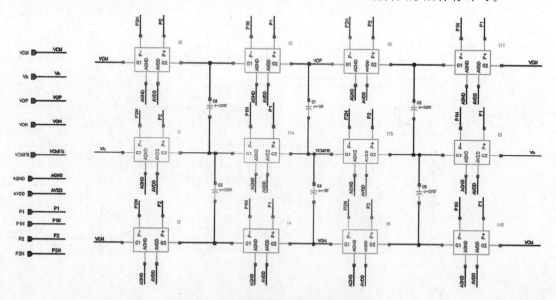

图 5.17 对称开关共模反馈仿真电路

当在低速(10 MHz 以下)工作时,连续时间共模反馈电路的稳定速度会高于开关电容共模反馈电路。此时,开关电容共模反馈电路环 1 比环 2 的稳定速度慢,因此稳定速度取决于环 1。所以连续时间共模反馈电路的稳定速度会快于开关电容共模反馈电路的稳定速度。当在高速(100 MHz 以上)工作时,开关电容共模反馈电路速度受限于环 2,此环的建立速度和连续时间共模反馈时间相当,但由于存在两个环路和两个建立过程,因此总体来说,会比连续时间共模反馈电路建立速度慢,所以在共模稳定速度方面,连续时间共模反馈电路会更优秀,尤其是在低频电路中。

5.3 密勒补偿

5.3.1 密勒定理

在许多模拟电路和数字电路中存在着一种重要现象与"密勒效应"有关,由密勒以定理的形式做了叙述,密勒定理只适用于阻抗与主通路并联的情况(见图 5.18),在这种情况下可以将该两个节点之间的阻抗 Z 等效成两个对应节点对地的阻抗 Z_1 和 Z_2,如将图 5.19(a)等效为图 5.19(b)。

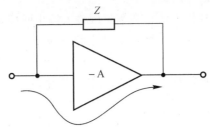

图 5.18 阻抗与主通路并联

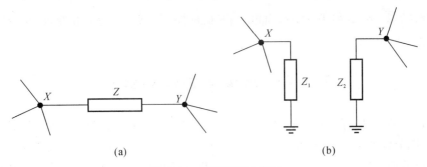

图 5.19 密勒定理示意图

Z_1、Z_2 的推导过程如下:

由图 5.19(a)得

$$\frac{V_X - V_Y}{Z} = -\frac{V_Y}{Z_1} \tag{5.1}$$

$$\frac{V_X - V_Y}{Z} = -\frac{V_Y}{Z_2} \tag{5.2}$$

联立式(5.1)和式(5.2),可以推导出阻抗 Z_1 和 Z_2 的阻值分别为

$$Z_1 = \frac{Z}{1 - \frac{V_Y}{V_X}} \tag{5.3}$$

$$Z_2 = \frac{Z}{1 - \dfrac{1}{\dfrac{V_Y}{V_X}}} \tag{5.4}$$

5.3.2 密勒补偿

在负反馈电路中会出现自激振荡现象,为了使放大电路能够正常稳定工作,必须对放大电路进行频率补偿。单级 OTA 具有一个低频极点,多级 OTA 级联时,随着级数的增加,低频极点个数增加。两级或者多级 OTA 应用于反馈系统中时,因为一个左半平面极点贡献 $-90°$ 相移,多个极点可以使得负反馈变为正反馈,因此需要考虑环路稳定性。即使在两级 OTA 只有两个低频极点而不会有正反馈振荡的情况下,如果相位裕度太小(两极点距离太近),在瞬态单位阶跃输入的情况下,输出也会有振荡,稳定需要较长时间。因此也需要保持一个合适的相位裕度,比如大于 $60°$。

密勒补偿是一个常用的补偿方法。在第二级输入输出间插入补偿电容 C_C,通过密勒补偿,第二级输出极点频率增大,而第一级输出极点频率减小。主极点和次主极点被分离,因而相位裕度变大。

两级 OTA 结构中第二级多为简单共源级,忽略寄生的 C_{GD} 电容,$P_{GBW} = gm_1/C_C$。在双极点系统中,相位裕度为 $90° - \arctan\left(\left|\dfrac{P_{GBW}}{\omega_2}\right|\right)$ 若 $\omega_2 = P_{GBW}$,则相位裕度约为 $45°$,此时有 $C_C = gm_1 C_L / gm_2$。而实际上,考虑到 ω_2 对闭环 P_{GBW} 的影响,密勒电容取值修正为 $C_C = gm_1 C_L / gm_2 / \sqrt{2}$。运放如果在负载电容 1 pF 的前提下需要 $60°$ 的相位裕度,可令密勒补偿电容 $C_C = 220$ fF(即 $0.22\,C_L$)。

5.4 完整运放调试与仿真

完整运放的调试电路包括测试信号源、共模反馈电路、偏置电路、运放以及密勒补偿器件,其电路图分别如图 5.20~图 5.23 所示。其中图 5.1 中 V_{b4} 接共模反馈 VCMFB1,第二级运放的负载偏置接 VCMFB2,这两个信号的共模反馈电路中的 V_b 分别为偏置电路中的 V_{b4} 和 V_{b1}。

对于第一级运放,此时即可按 5.1 节中的方法再次调整 L_p 和 L_n 的值,使 V_{op1} 的直流输出电压为 900 mV 左右,且使 M_4、M_5 的 V_{ds} 电压为 250 mV 左右,完成该步骤后即可调节第二级运放。

按照 5.1 节的数据可以计算出,第二级电路的 NMOS 的参数为 $M = 1, L = 180$ n,$W = 4.46$ u,PMOS 的参数为 $M = 8, L = 380$ n,$W = 7.07$ u,但是由于第二级电路的负载偏置电压不是采用电流镜的方法得到的,因此只能通过改变负载 PMOS 管的尺寸来使得运放的直流输出电压为 900 mV 左右。为了方便调参数,将第二级运放的 PMOS 管的宽度设置为 W_p,NMOS 管的宽度设置为 W_n,调零电阻阻值设置为 R,密勒电容的值设置为 C。在仿真器 ADE L 中添加变量后将 R 和 C 的值设为 0,运行仿真,再调整 W_n 的值使得运放输出端的共模电压等于 900 mV 左右,此时在 ADE L 中点击"Results"→"Direct Plot"→"AC Gain&Phase"后又分别点击运放的"V_{on}"和"V_{ip}",查看该运放的直流增益和相位裕度,并且将增益曲线发送到 ADE 中,从波形图中可以看出增益未达到要求。为了提高增益,可以适当增大 NMOS 管的长度,经过仿真发现,当 NMOS 的 L 达到 200 n 时增益就能够达到 78.5 dB 左右,满足了设计要求。对于相位裕度和带宽,则可以通过提高第二级运放的电流以及调零电阻和密勒电容的共同作用达到要求。最终该运放的参数除了表 5.1 所列之外,还有 $L_p=2.6$ u,$L_n=2.79$ u,第二级运放的 NMOS 管参数 $M=4,L=200$ n,$W=24.11$ u, PMOS 的参数 $M=32,L=180$ n,$W=70$ u,$R=1.5$ k,$C=220$ f。

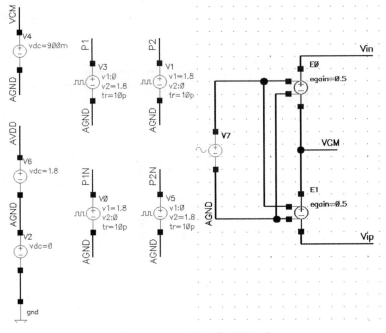

图 5.20 运放测试信号源电路

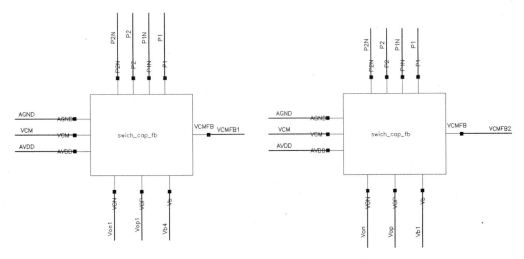

图 5.21 运放共模反馈电路

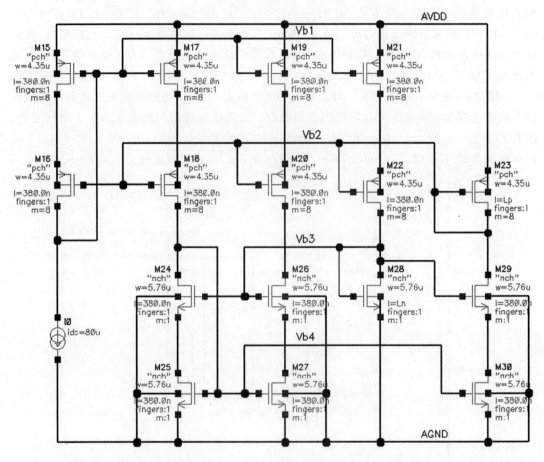

图 5.22 偏置电路

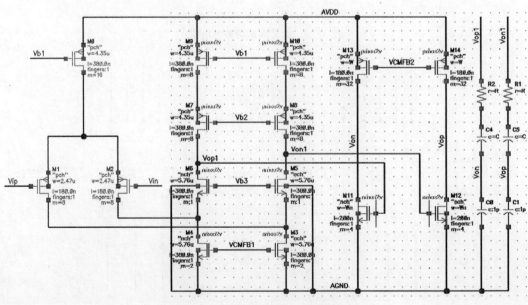

图 5.23 运放及密勒补偿电路

第 5 章 运算放大器的设计

在偏置电路中有一个理想的电流源 idc,它可以通过图 5.24 所示的电路实现替换,其中与电阻相连的 PMOS 管参数为 $M=16$、$L=180$ n、$W=2.47$ u,而另外一个 PMOS 的参数为 $M=8$、$L=180$ n、$W=2.47$ u,三个 NMOS 管的参数为 $M=1$、$L=380$ n、$W=5.76$ u。电阻阻值设为参数 R,已经仿真完成的参数在晶体管中完成设置,打开仿真器 ADE L 并且按照运放的仿真方法进行仿真,改变 R 的值,将原本 idc 所在支路的电流调为 80 uA 即可,最后再次查看运放输出电压并微调第二级运放 PMOS 管的宽度,使输出直流电压为 900 mV 左右,即完成了运算放大器的设计,该运算放大器增益和相位如图 5.25 所示。

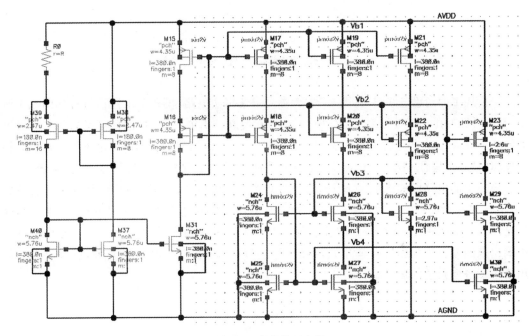

图 5.24 完整偏置电路

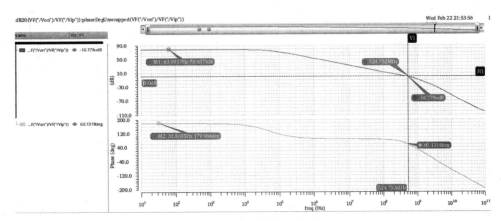

图 5.25 运放增益和相位

从图 5.25 中可以看出该运算放大器的直流增益为 78.6 dB,带宽 P_{GBW} 为 524 MHz,相位裕度为 60.13 deg,满足开关电容采样保持电路对运放指标的要求。

第 6 章 全真实器件的电路实现

6.1 三种模式电路搭建

以模式 1 的理想电路图(见图 3.22)为参考搭建真实电路,模式 1 电路信号源如图 6.1 所示,其中时钟 P31 为下极板采样控制时钟信号(开关断开提前于 P1 控制的开关),其参数设置如图 6.2 所示,其余信号源参数设置与理想模式下的参数设置相同,不同的是添加了每个时钟的反相信号,它是通过图 6.1 中的 NOT 器件实现的,它是自己搭建并封装的一个反相器。

模式 1 的电路图如图 6.3(b)所示,与理想模式下的电路图不同的是将其理想开关换成了 MOS 开关,将理想运放换成了实际运放,而其电路接法也与理想模式下相同,唯一不同的是图 6.3(a)中圈出的开关 2 的控制信号变成了下极板采样控制信号 P31。在图 6.3(a)中圈出来的开关均为栅压自举开关,其余开关都是普通的 CMOS 互补开关,运算放大器采用第 5 章搭建封装的运放。

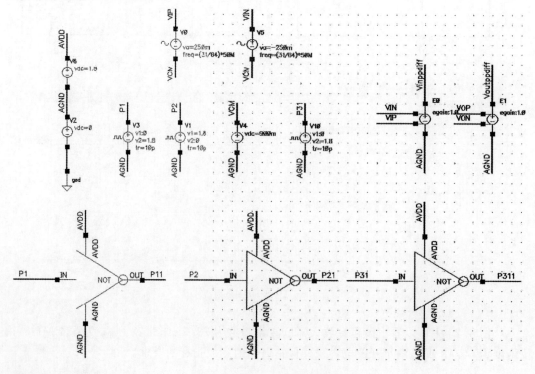

图 6.1 模式 1 电路测试信号源

第 6 章 全真实器件的电路实现

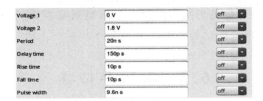

图 6.2 下极板采样控制时钟参数设置

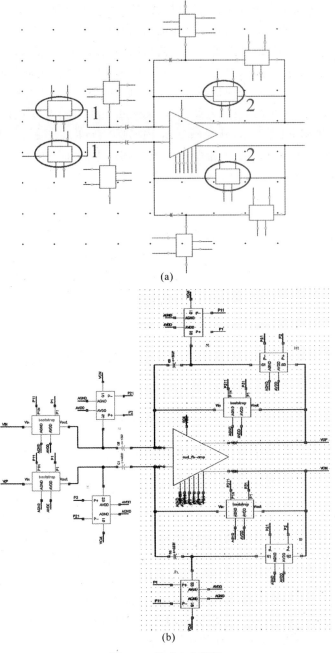

图 6.3 模式 1 电路图

模式 2 和模式 3 的实际电路与其理想模式下的电路基本相同,不同之处参见模式 1 的实际电路更改处,这两种模式的信号源的改变也基本和模式 1 相同。

6.2 工艺角仿真

芯片制造是一个复杂的物理和化学过程,涉及掺杂浓度、扩散深度和刻蚀程度等工艺偏差。即使是同一晶圆切割出来的芯片,其电性参数也会有所差异。因此,工艺工程师以"工艺角"(Process Corner)的形式来划分各集成电路器件的工艺偏差范围。在设计芯片时,芯片设计工程师必须确保芯片的性能指标在工艺角内仍然满足指标要求,以维护芯片的良率。如图 6.4 所示,工艺角的思想是:把 NMOS 和 PMOS 晶体管的速度波动范围限制在由四个角所确定的矩形内。这四个角分别是快 NFET 和快 PFET,慢 NFET 和慢 PFET,快 NFET 和慢 PFET,慢 NFET 和快 PFET。若采用 5-corner model 会有 TT、FF、SS、FS、SF 5 个 corners。如 TT 指 NFET-Typical corner & PFET-Typical corner。其中,Typical 指晶体管驱动电流是一个平均值,FAST 指驱动电流是其最大值,而 SLOW 指驱动电流是其最小值(此电流为 I_{ds} 电流)。以上是从测量角度的解释。

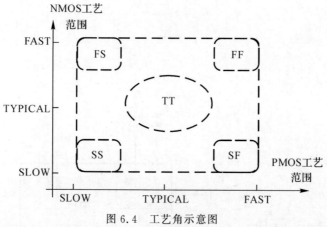

图 6.4 工艺角示意图

以模式 1 为例建立工艺角仿真:在搭建好的模式 1 电路原理图界面点击"Launch"→"ADE Explorer",在下一个界面中选择"Create New View",接着在下个界面中直接点击"ok"即可进入图 6.5 所示的界面,在该界面双击 1 处设置瞬态仿真 3u 的 conservative 精度的 tran 仿真。双击 2 处添加电路中设置的变量参数,双击后点击"Copy From"并为每个变量赋值,其中 CLN 和 CLP 分别为 CMOS 互补开关的 NMOS 和 PMOS 的沟道宽度,K 为栅压自举开关中的开关管的沟道宽度,WN 和 WP 分别为栅压自举开关中其他 NMOS 和 PMOS 管的沟道宽度。

点击图 6.5 所示的第 4 处按钮进行一次仿真,接着添加输入输出波形图,点击"Tools"→"Calculator",接着点击"vt",然后在电路原理图中点击"Vinppdiff",并将该波形添加到 ADE L 界面,同样地添加 Voutppdiff 的波形。

点击图 6.5 中的第 5 处按钮查看模式 1 的仿真波形并计算电路精度以及 THD 和有效

位数。模式 1 的输入-输出波形图如图 6.6 所示,在该界面选中输出信号的波形图,接着点击"Measurements"→"Spectrum"测量电路的 THD 和有效位数,按照图 6.7 设置参数并点击"Plot",在 Oouputs 中找到 ENOB 和 THD,右击鼠标选中该数据行,点击"ADE"→"Generic Expression",将这两个数据发送至 ADE L 界面中。

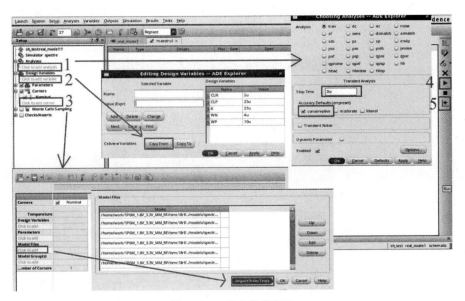

图 6.5 工艺角仿真设置

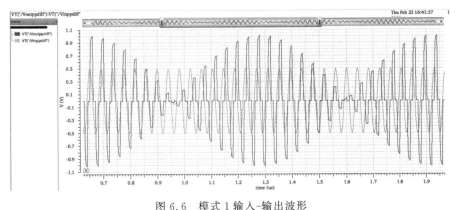

图 6.6 模式 1 输入-输出波形

测量并计算模式 1 的电路精度,波形放大测量如图 6.8 所示,采样到的输入信号为 499.4 mV,输出的信号为 999.54 mV,设计的该电路的放大倍数为 2 倍,因此可计算出其精度为 $-\log_2 \left| \dfrac{2 - \dfrac{999.54}{499.4}}{2} \right| = 10.398\ 5$,精度为 10 位,精度满足设计要求。

双击 3 处(见图 6.9)添加工艺角的仿真模型,在工艺角添加界面的 Model Files 下方双击"Click to add",然后直接点击"Import from Tests"并点击"OK"即可返回图 6.9 所示的工艺角模型添加界面。

在图 6.9 所示的工艺角模型添加界面点击第 1 处按钮添加单个工艺角模型,再点击 2 处,选择要添加的工艺模型文件,以添加 TT 工艺角模型为例,下拉 2 处,找到名位 tt 的文件并选中,接着在 3 处更改该工艺角的名称为 TT 即完成了 TT 工艺角模型的添加,按照同样的方法还需添加 SS、SF、FS 以及 FF 的工艺角模型。完成了所有设置后的完整 ADE L 仿真界面如图 6.10 所示。

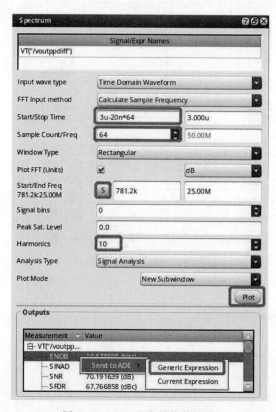

图 6.7　THD 及有效位数测量

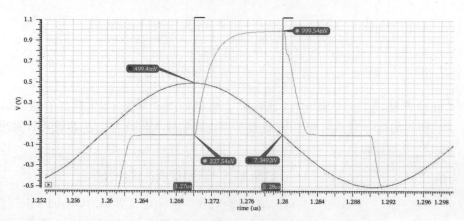

图 6.8　电路精度波形放大测量

第 6 章 全真实器件的电路实现

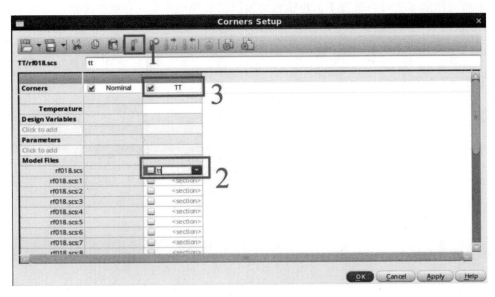

图 6.9 工艺角模型添加界面

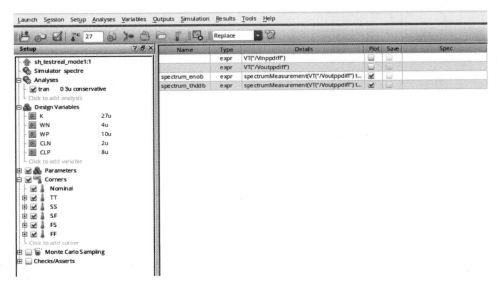

图 6.10 完成所有设置的工艺角仿真 ADE-L 仿真界面

完成了所有的设置后点击仿真即可进行工艺角仿真,模式 1 的工艺角仿真结果如图 6.11 所示。从图中可以看出在 5 个工艺角仿真中最低的有效位数为 10 位,最差的 THD 值为 −63 dB,均满足设计要求。

Test	Output	Nominal	Spec	Weight	Pass/Fail	Min	Max	TT	SS	SF	FS	FF
sh_testreal_mode1:1	spectrum_enob	11.61				10.27	12.6	11.61	10.27	11.77	11.55	12.6
sh_testreal_mode1:1	spectrum_thddb	−71.85				−78.22	−63.67	−71.85	−63.67	−72.97	−71.57	−78.22

图 6.11 模式 1 工艺角仿真结果

按照同样的方法可以进行工艺角仿真得出模式 2 和模式 3 的有效位数和 THD，分别如图 6.12 和图 6.13 所示，从图中可以看出其均满足设计要求。

Test	Output	Nominal	Spec	Weight	Pass/Fail	Min	Max	TT	SS	FF	FS	SF
Filter	Filter	Filter	Filter	Filter	Filter	Filter	Filter	Filter	Filter	Filter	Filter	Filter
sh_testreal_mode2:1	spectrum_enob	12.6				11.86	13.19	12.6	11.86	13.19	12.29	12.4
sh_testreal_mode2:1	spectrum_thddb	-78.2				-82.08	-73.38	-78.2	-73.38	-82.08	-75.98	-76.81

图 6.12　模式 2 工艺角仿真结果

Test	Output	Nominal	Spec	Weight	Pass/Fail	Min	Max	TT	SS	FF	FS	SF
Filter	Filter	Filter	Filter	Filter	Filter	Filter	Filter	Filter	Filter	Filter	Filter	Filter
sh_testreal_mode3:1	spectrum_enob	12.98				12.28	13.08	12.98	12.48	13.08	12.28	12.99
sh_testreal_mode3:1	spectrum_thddb	-80.84				-81.39	-75.94	-80.84	-77.16	-81.39	-75.94	-80.67

图 6.13　模式 3 工艺角仿真结果

参 考 文 献

[1] 拉扎维. 模拟 CMOS 集成电路设计:第 2 版[M]. 陈贵灿,程军,张瑞智,等译. 西安:西安交通大学出版社,2018.

[2] 张锋,陈钺颖,范军. CMOS 模/数转换器设计与仿真[M]. 北京:电子工业出版社,2019.

[3] 何乐年,李浙鲁,奚剑雄. 逐次逼近模/数转换器(SAR ADC)设计与仿真[M]. 北京:电子工业出版社,2022.

[4] 李晓潮,邢建力,林海军. 混合信号模数转换 CMOS 集成电路设计[M]. 北京:清华大学出版社,2015.